I0058435

DIE ENTWICKLUNG DER LOKOMOTIVE

IM GEBIETE DES VEREINS DEUTSCHER EISENBAHNVERWALTUNGEN

TAFELN ZUM I. BAND

1835–1880

MÜNCHEN UND BERLIN 1930
VERLAG VON R. OLDENBOURG

Reprint mit freundlicher Genehmigung des Verlages R. Oldenbourg, München

Reprint der Originalausgabe 1930
nach dem Exemplar der Fachbibliothek Verkehrsmuseum Dresden
Die Tafeln 2–39 sind aus technischen Gründen
um 10 Prozent verkleinert worden.

Ausgabe für den Verlag
Georg D. W. Callwey, München 1981
ISBN 3 7667 0542 3
Druck: (52) Nationales Druckhaus, Betrieb der VOB National,
1055 Berlin
Printed in the German Democratic Republic
Ag 509/51/1980 6629

VERZEICHNIS DER TAFELN

Tafel 1

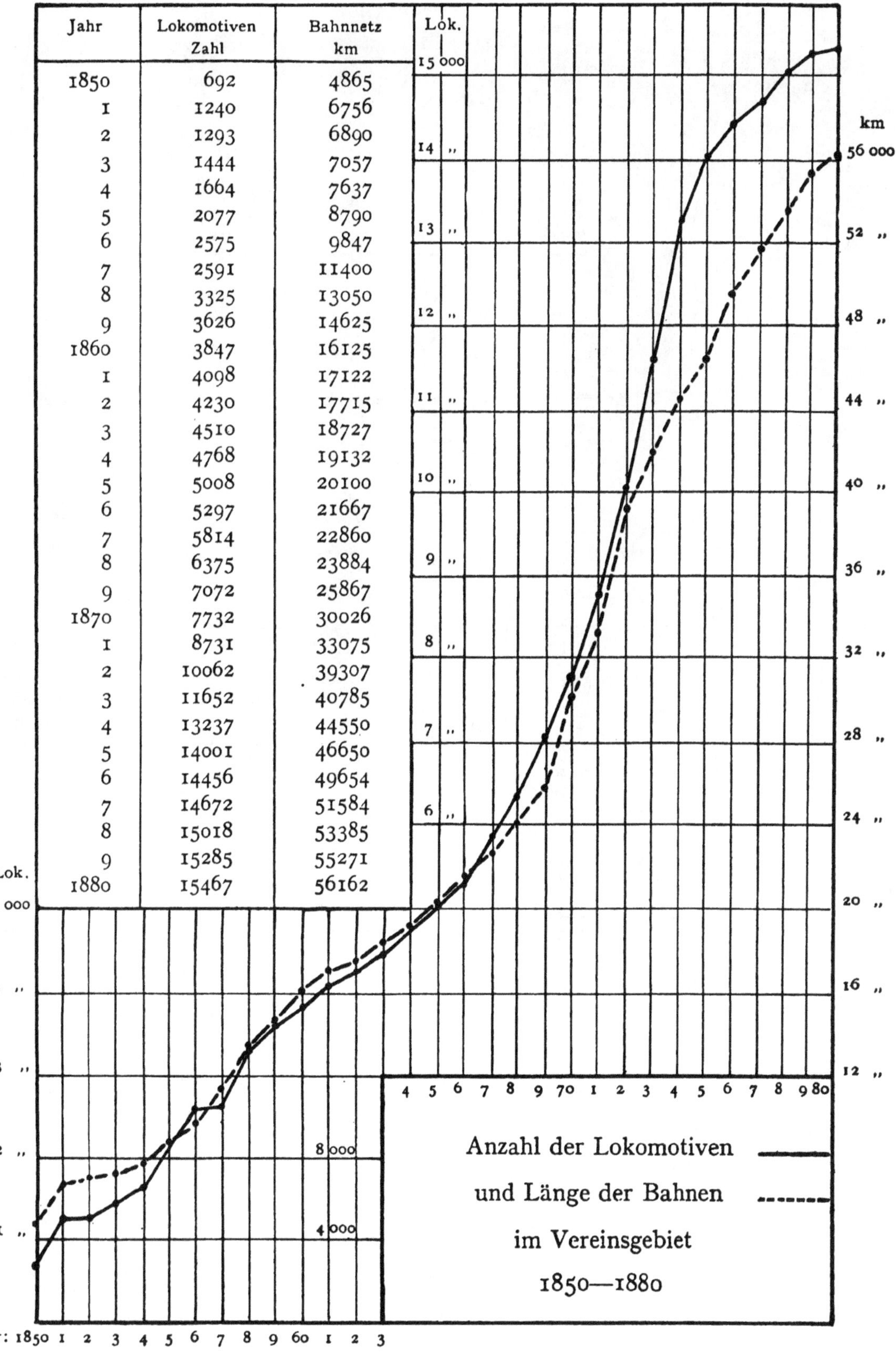

Jahr	Lokomotiven Zahl	Bahnnetz km
1850	692	4865
1	1240	6756
2	1293	6890
3	1444	7057
4	1664	7637
5	2077	8790
6	2575	9847
7	2591	11400
8	3325	13050
9	3626	14625
1860	3847	16125
1	4098	17122
2	4230	17715
3	4510	18727
4	4768	19132
5	5008	20100
6	5297	21667
7	5814	22860
8	6375	23884
9	7072	25867
1870	7732	30026
1	8731	33075
2	10062	39307
3	11652	40785
4	13237	44550
5	14001	46650
6	14456	49654
7	14672	51584
8	15018	53385
9	15285	55271
1880	15467	56162

Anzahl der Lokomotiven und Länge der Bahnen im Vereinsgebiet 1850—1880

1A1 „Adler", Nürnberg-Fürther Bahn.

Erb. Stephenson 1835.

Dienstg. 14,22 t; Reibun
Rostfl. 0,48 m²; p=3,3 a
D=1372 mm; Radst. 24

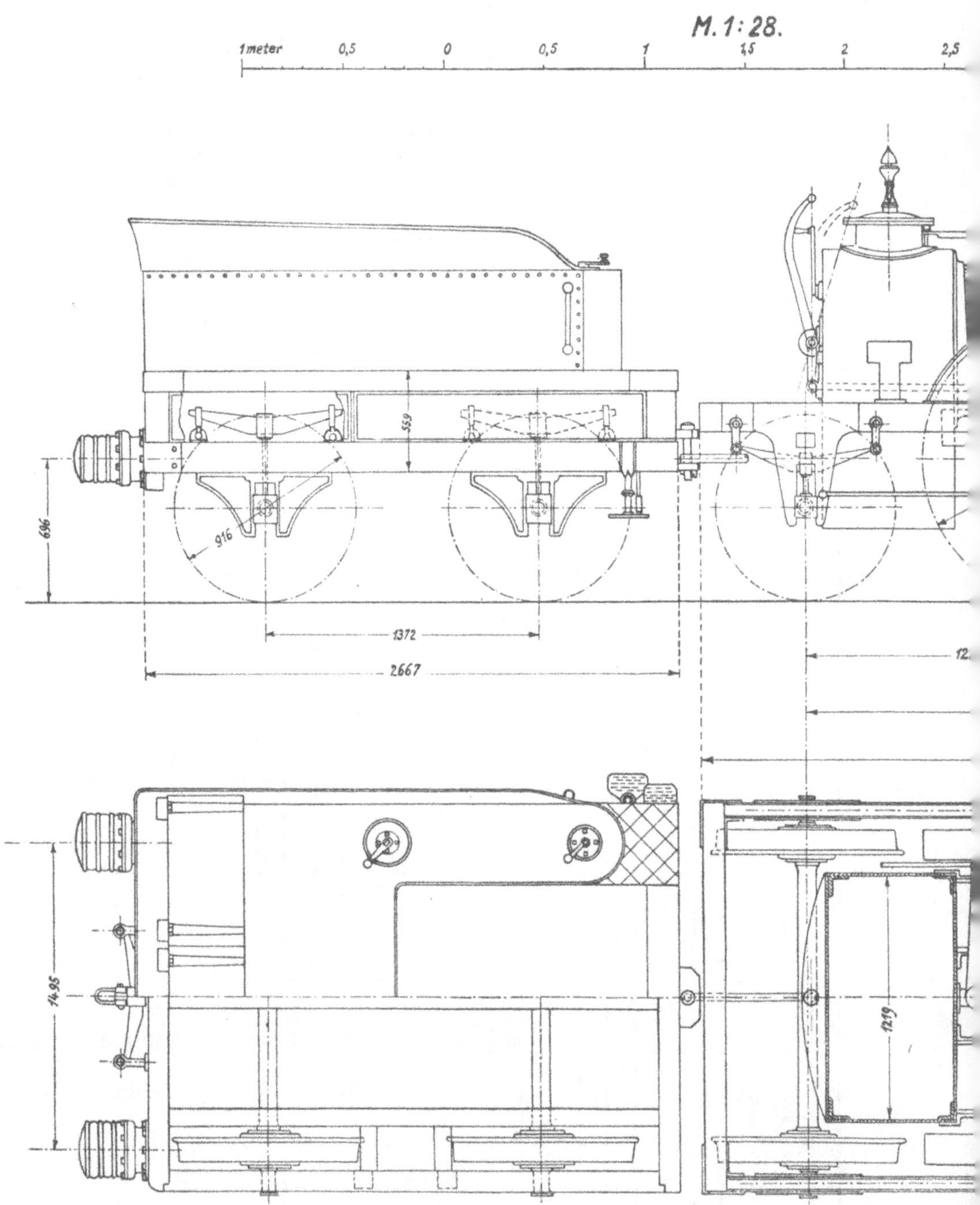

Tafel 2

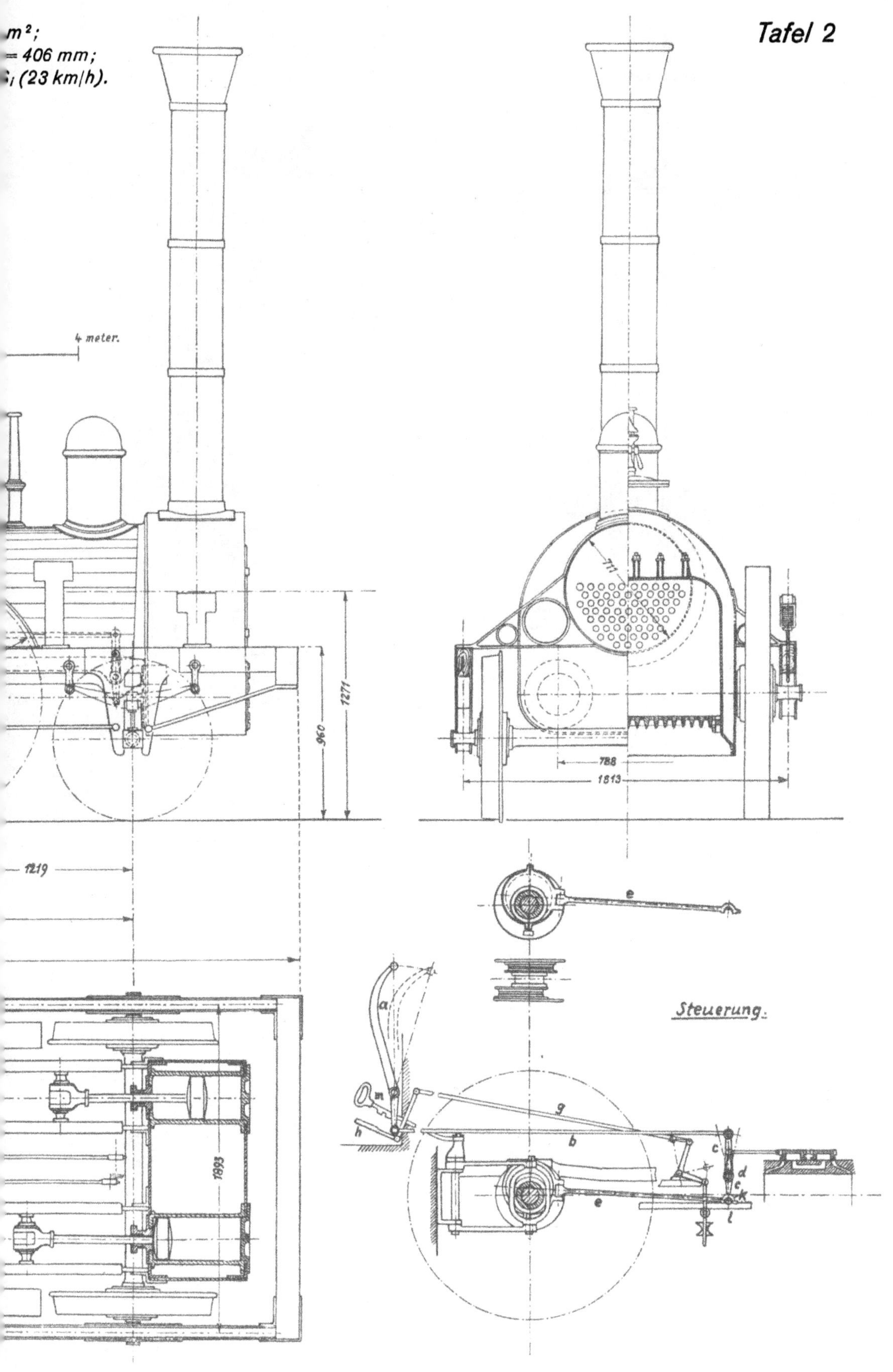

m²;
= 406 mm;
ᵢ (23 km/h).
4 meter.
1271
960
1219
711
788
1813
1893
e
a
m
h
g
b
c
d
e
k
l
Steuerung.

1 A 1 „Patentee".

Erb. Stephenson 1835.

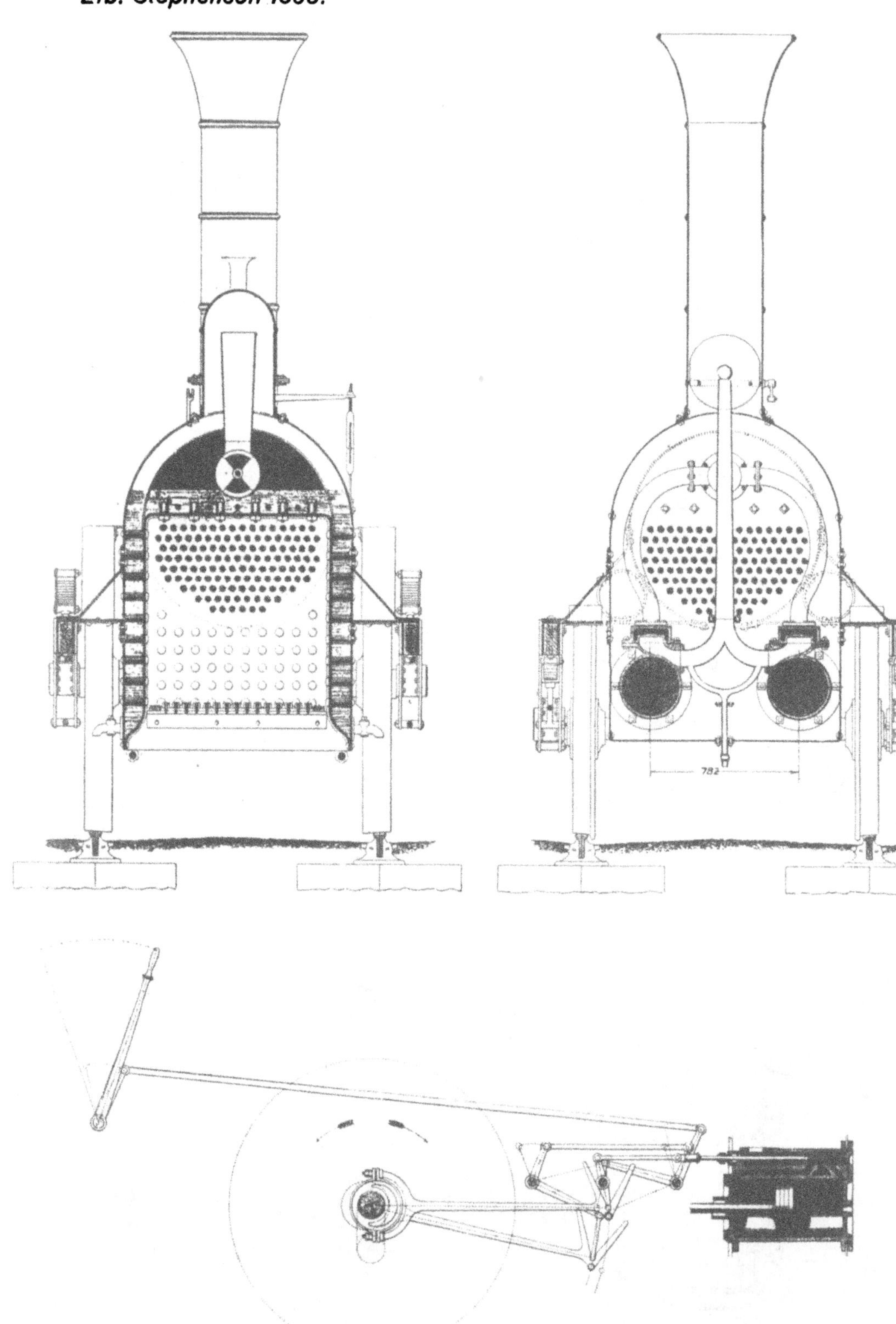

enstg. 9,5 t; Reibungsg. 5,5 t; Heizfl. 42,4 m²; Rostfl. 0,86 m²; p = 3,5 atü;
= 305 mm; h = 457 mm; D = 1524 mm; Radst. 3050 mm; Leist. 82 PS_i (25 km/h).

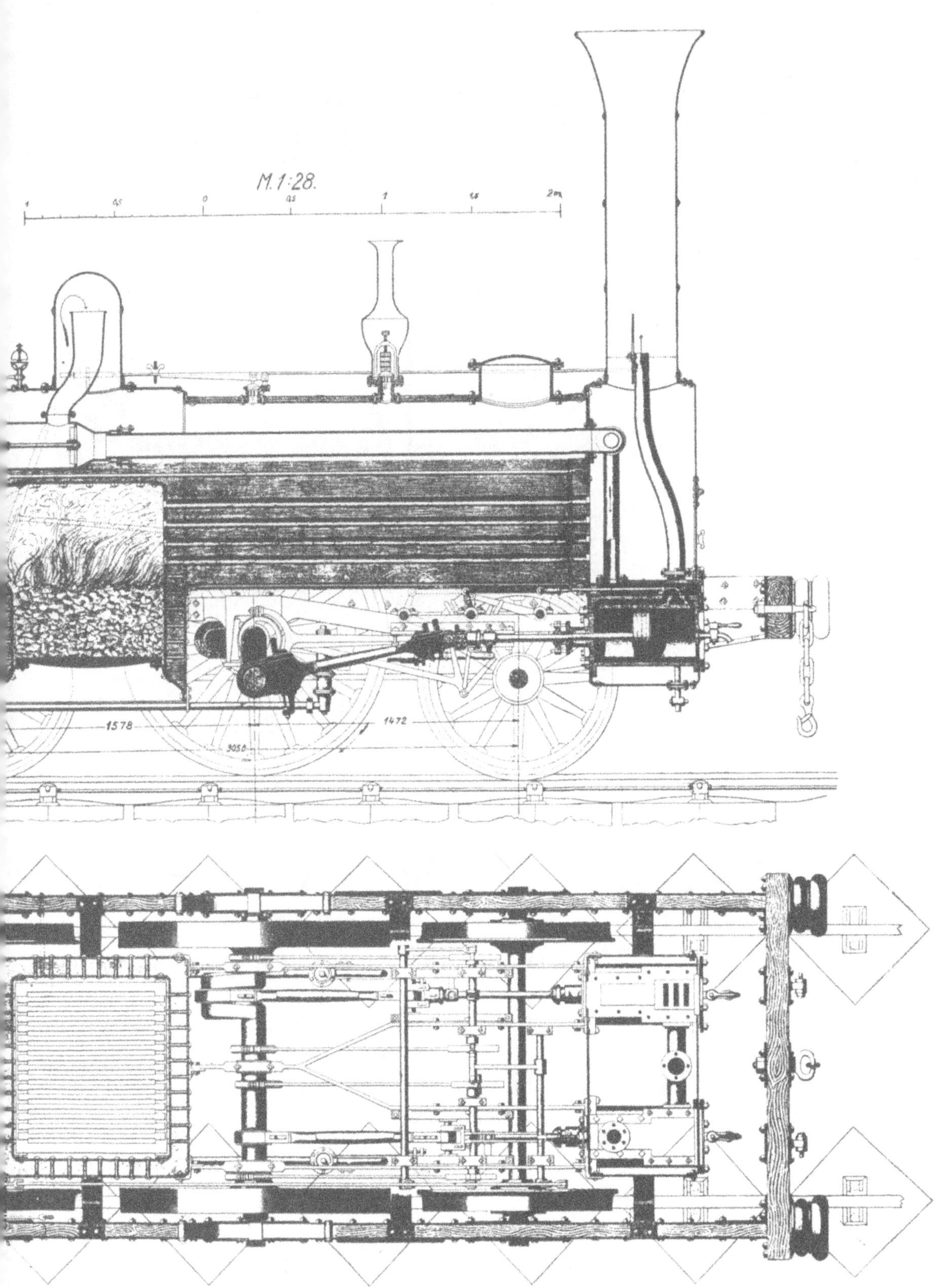

1A1, Bauart Sharp 1840.

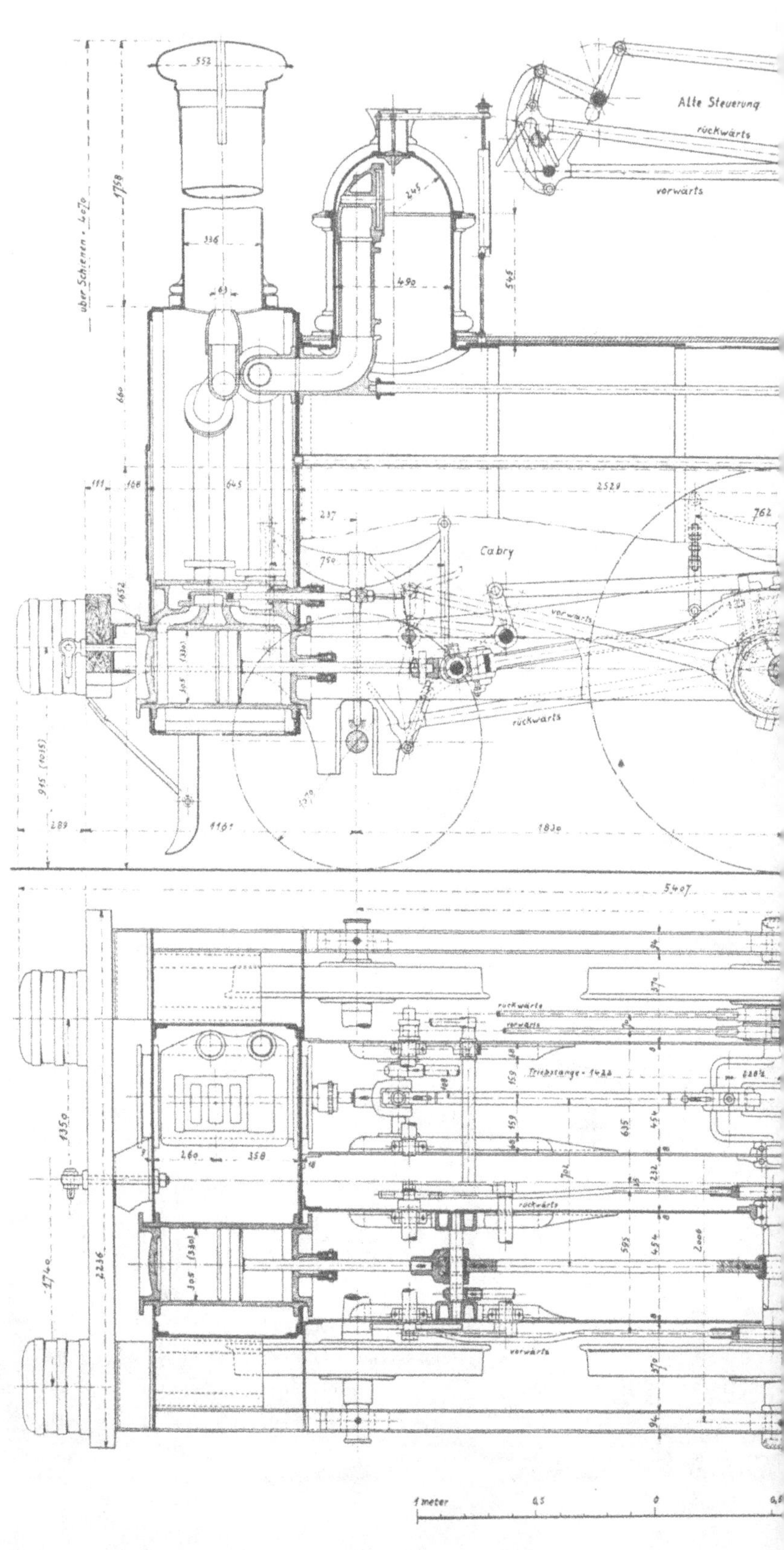

nstg. 16,2 t; Reibungsg. 8,5 t; Heizfl. 40,57 m²; Rostfl. 0,81 m²; p = 4,5 atü;
330 mm; h = 457 mm; D = 1676 mm; Radst. 3354; Leist. 90 [135] PS_i (26 [39] km/h).

Tafel 4

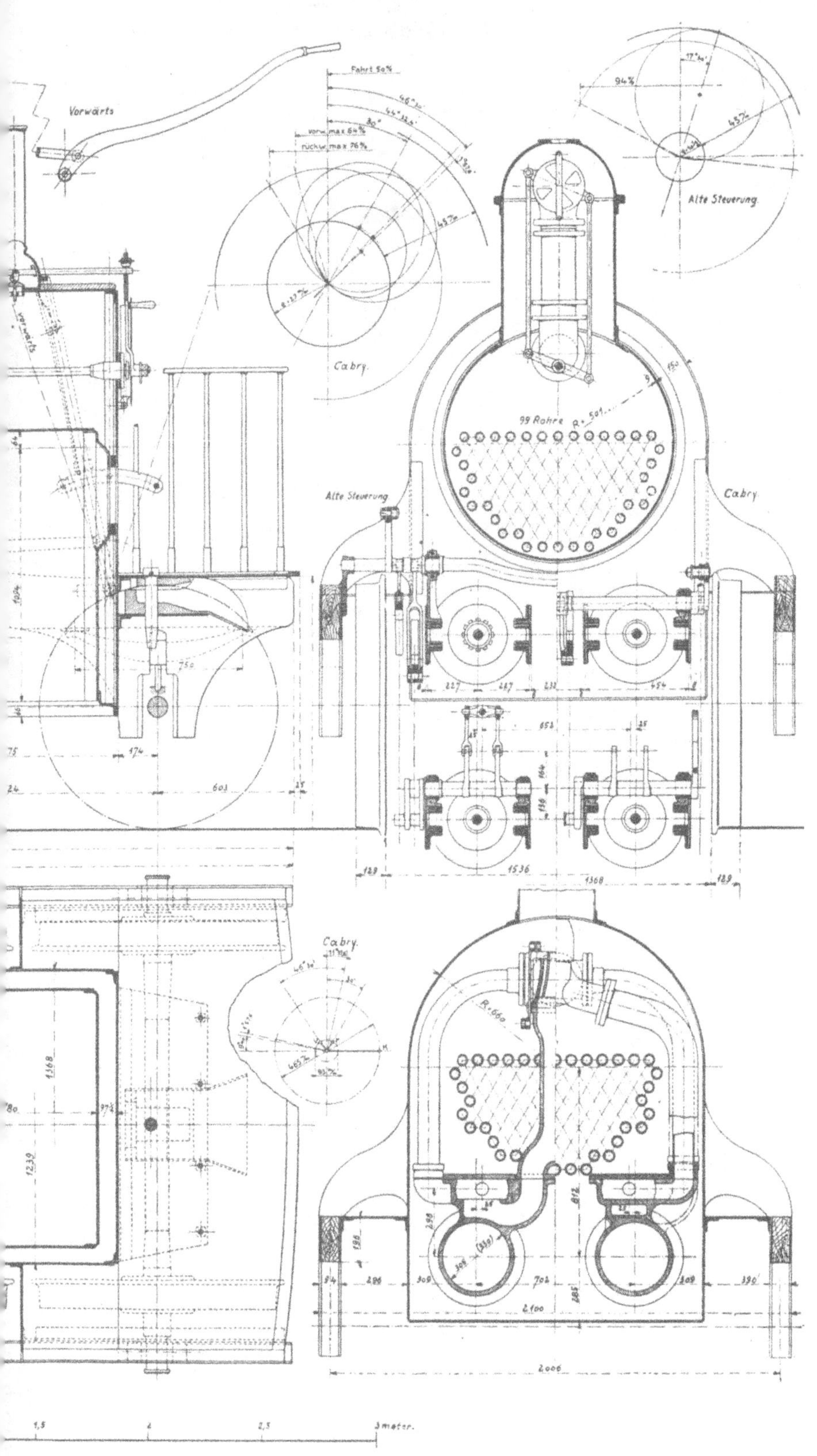

1 A 1 „Bavaria“, Bayer. Staatsbahn.

Verschied. Erb. 1844/45.

Außenzylinder und Außenrahmen nach Forrester.

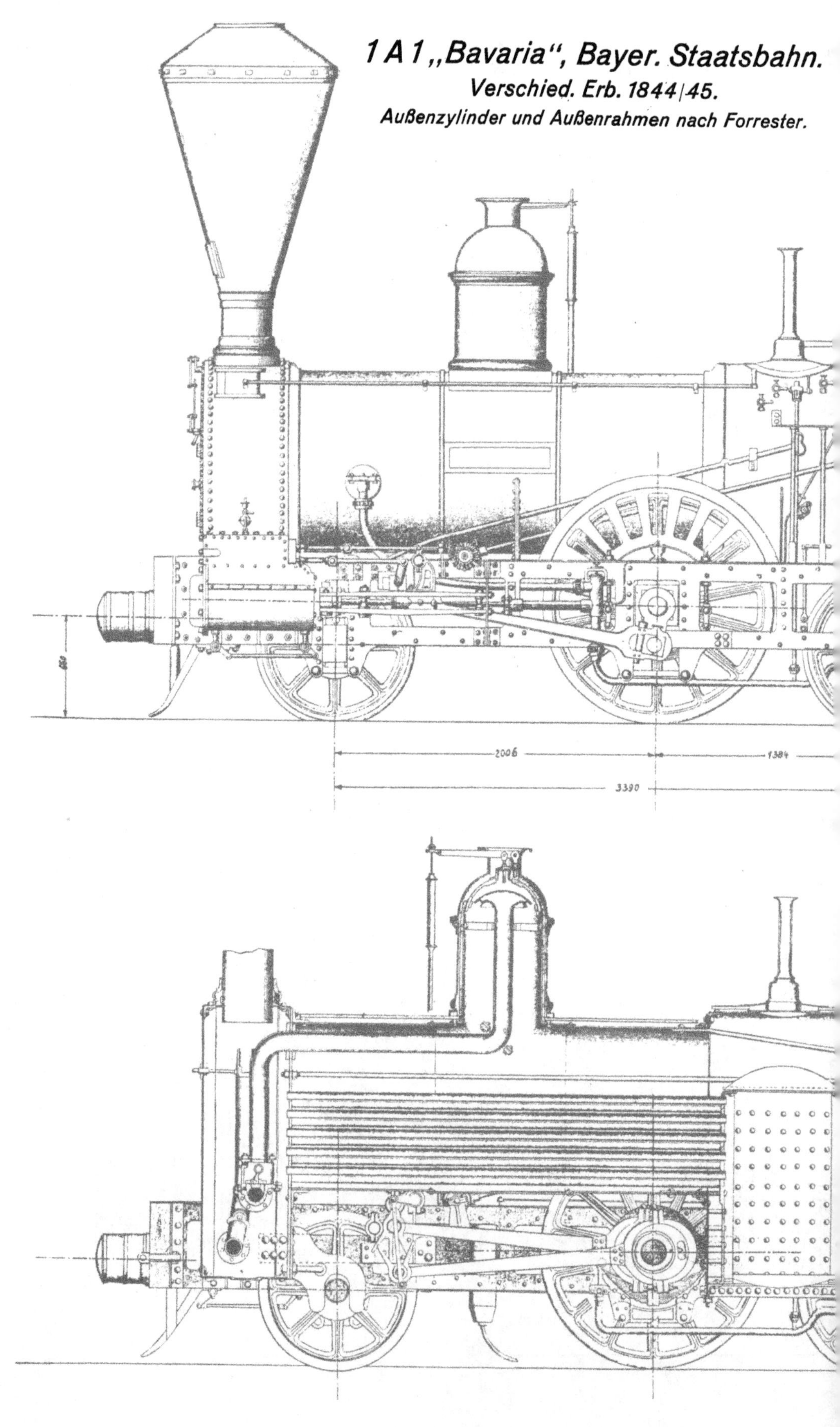

Tafel 5

enstg. 20,5 t; Reibungsg. 7,5 t; Heizfl. 50 m²;
stfl. 0,72 m²; p = 6,33 atü; d = 305 mm; h = 508 mm;
= 1524 mm; Radst. 3390 mm; Leist. 146 PS_i (40 km/h).

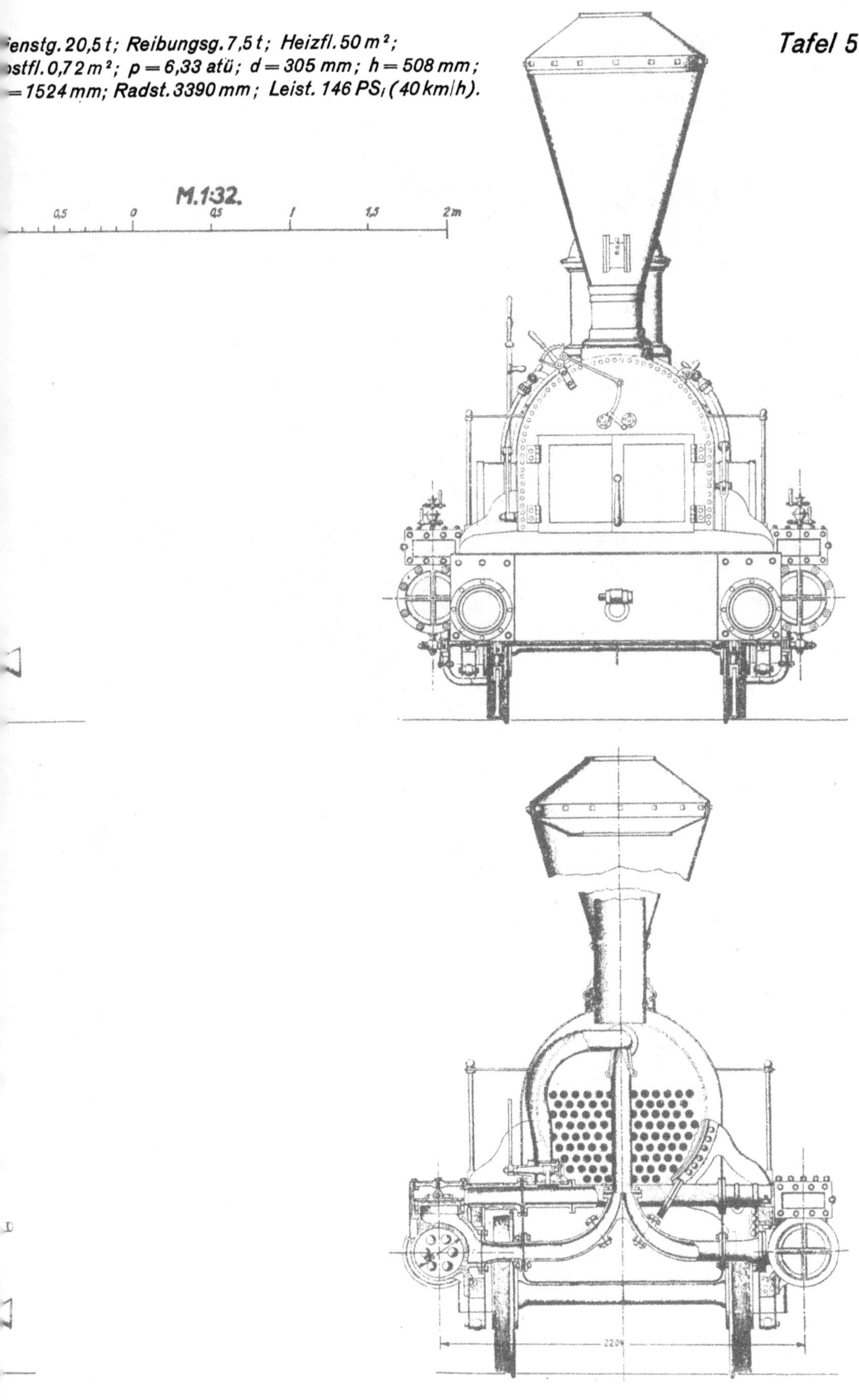

1 A 1, Badische Staatsbahn.

Erb. Kessler 1844.

Langrohrkessel, Meyersteuerung.

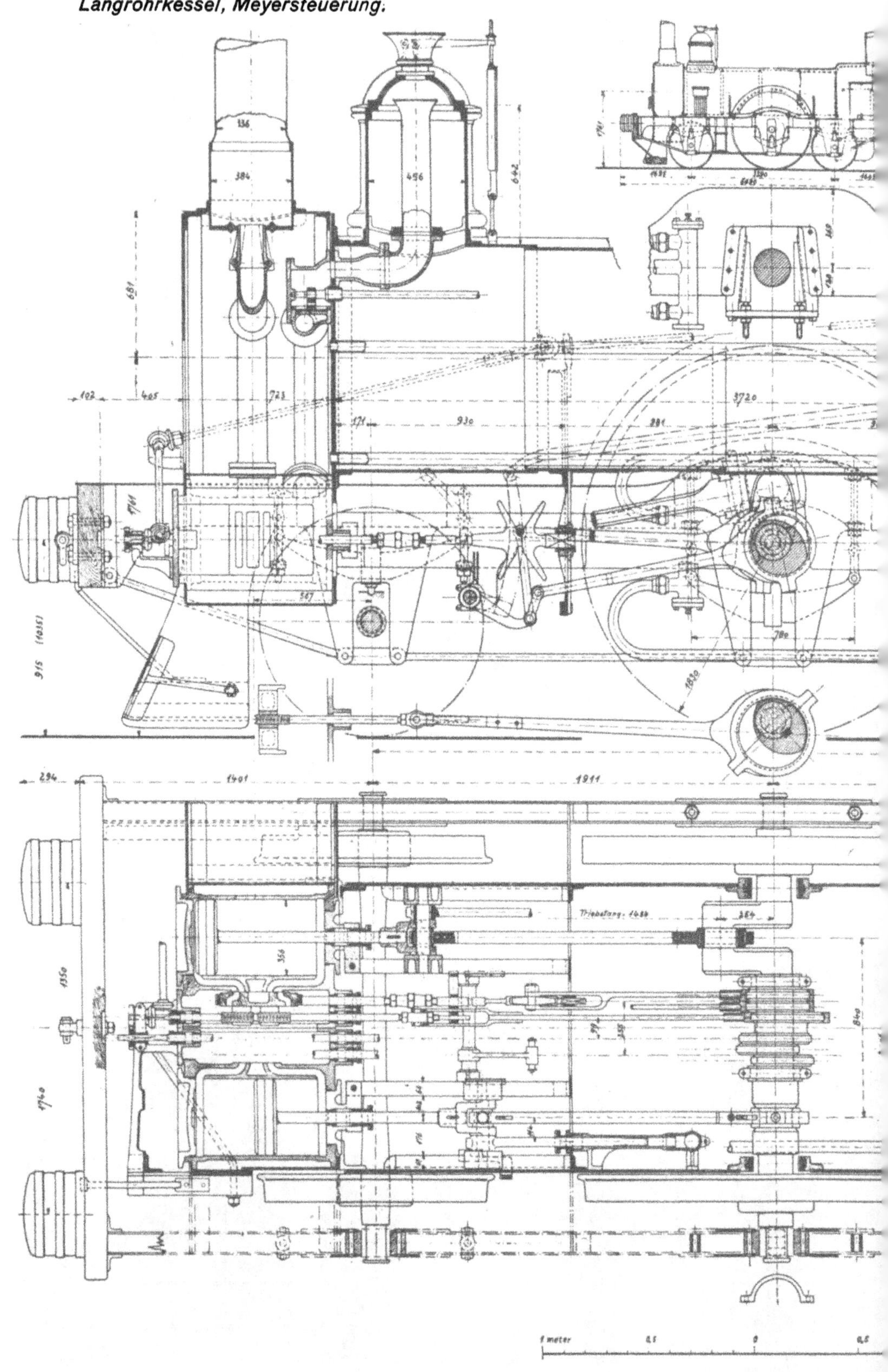

nstg. 15,5 t; Reibungsg. 8 t; Heizfl. 63,23 m²; Rostfl. 0,85 m²; p = 5,3 atü; 356 mm; h = 508 mm; D = 1830 mm; Radst. 3360 mm; Leist. 175 PS_i (42 km/h).

Tafel 6

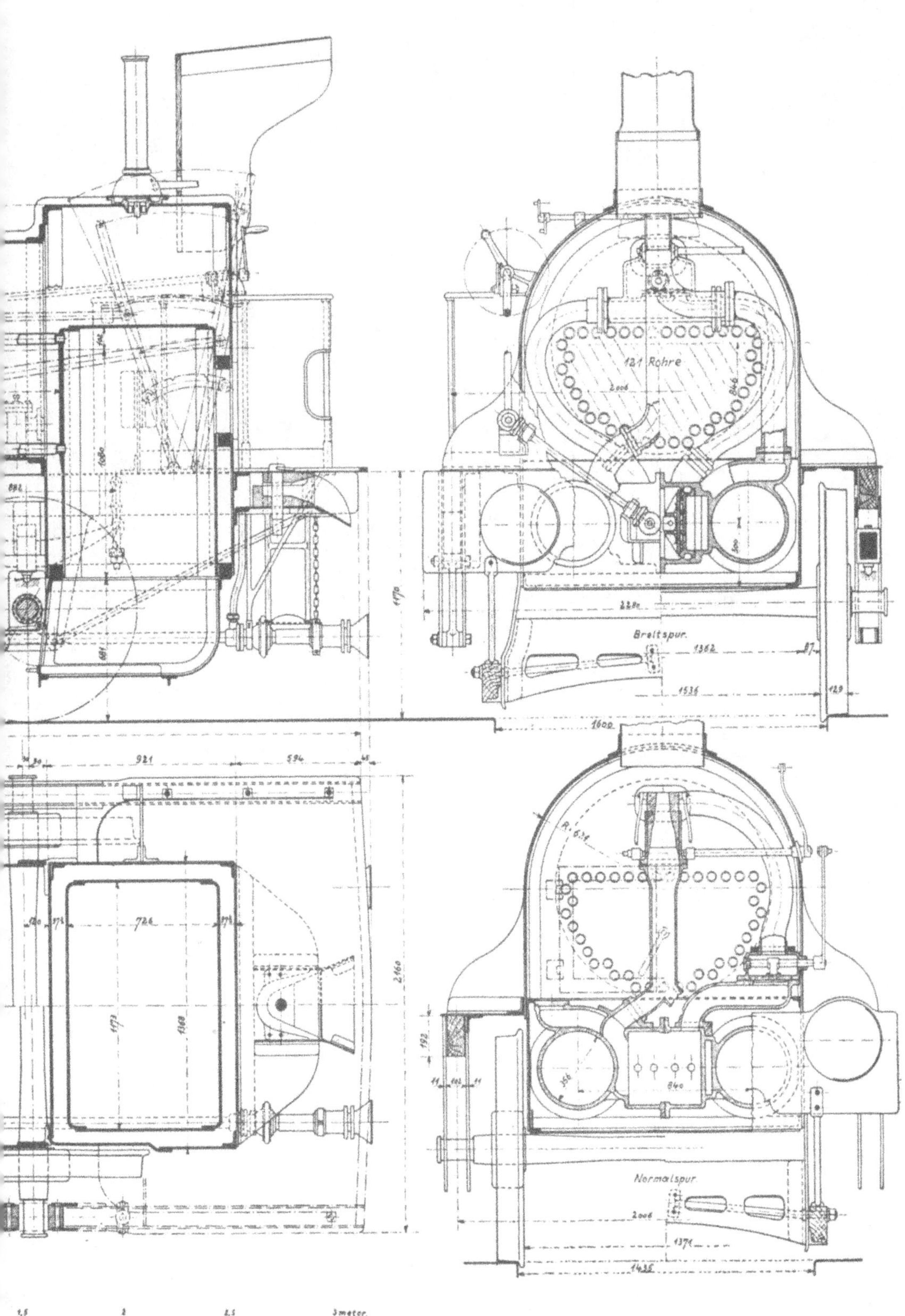

1 A 1 „Kaufbeuren", Bayer. Staatsbahn.

Verschiedene Erbauer 1847.

Langrohrkessel, Außenzylinder.

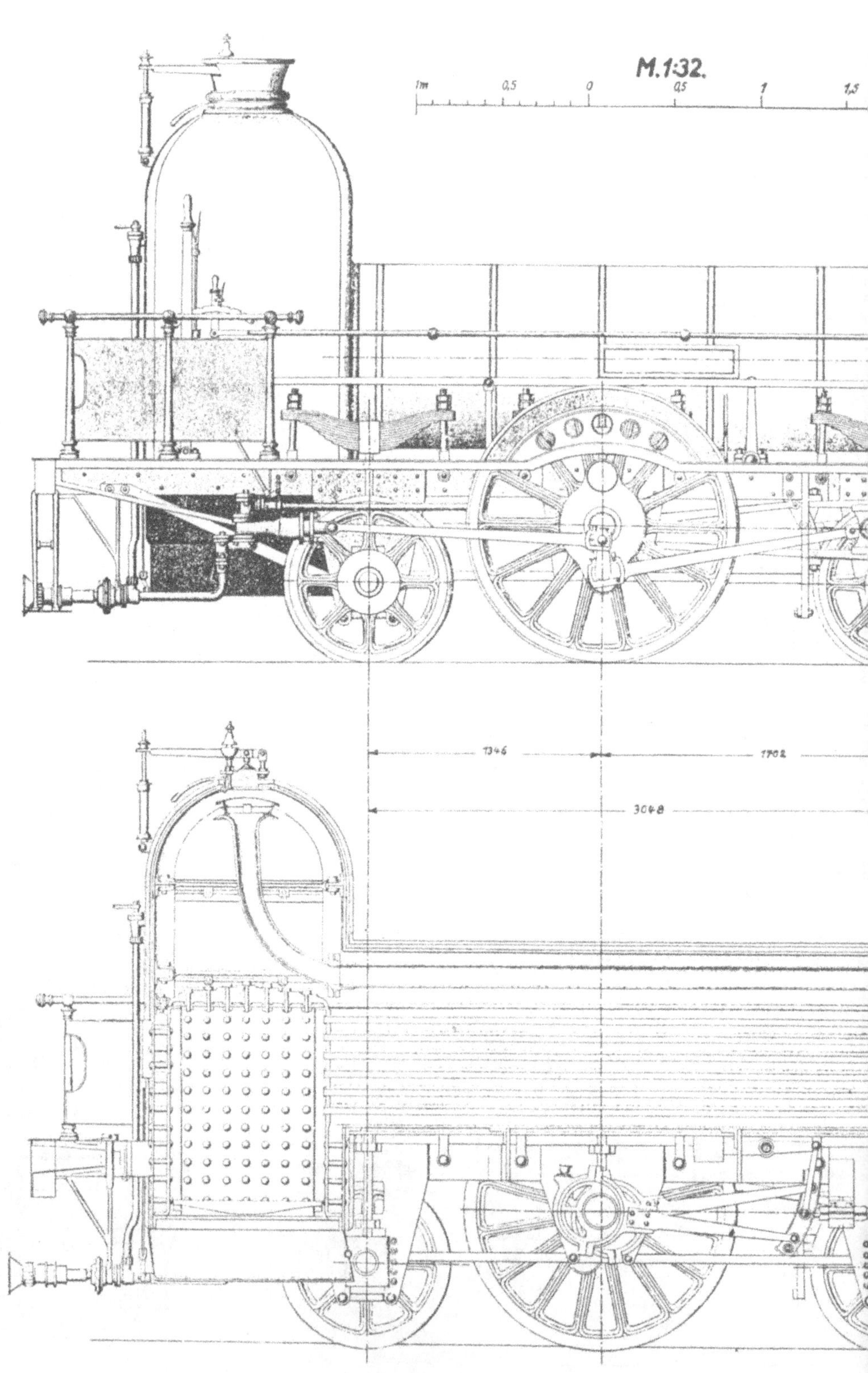

Dienstg. 21,8 t; Reibungsg. 7,6 t; Heizfl. 70,9 m²; Rostfl. 0,83 m²; p = 6 atü; d = 318 mm; h = 558 mm; D = 1524 mm; Radst. 3048 mm; Leist. 182 PS_i (42 km/h).

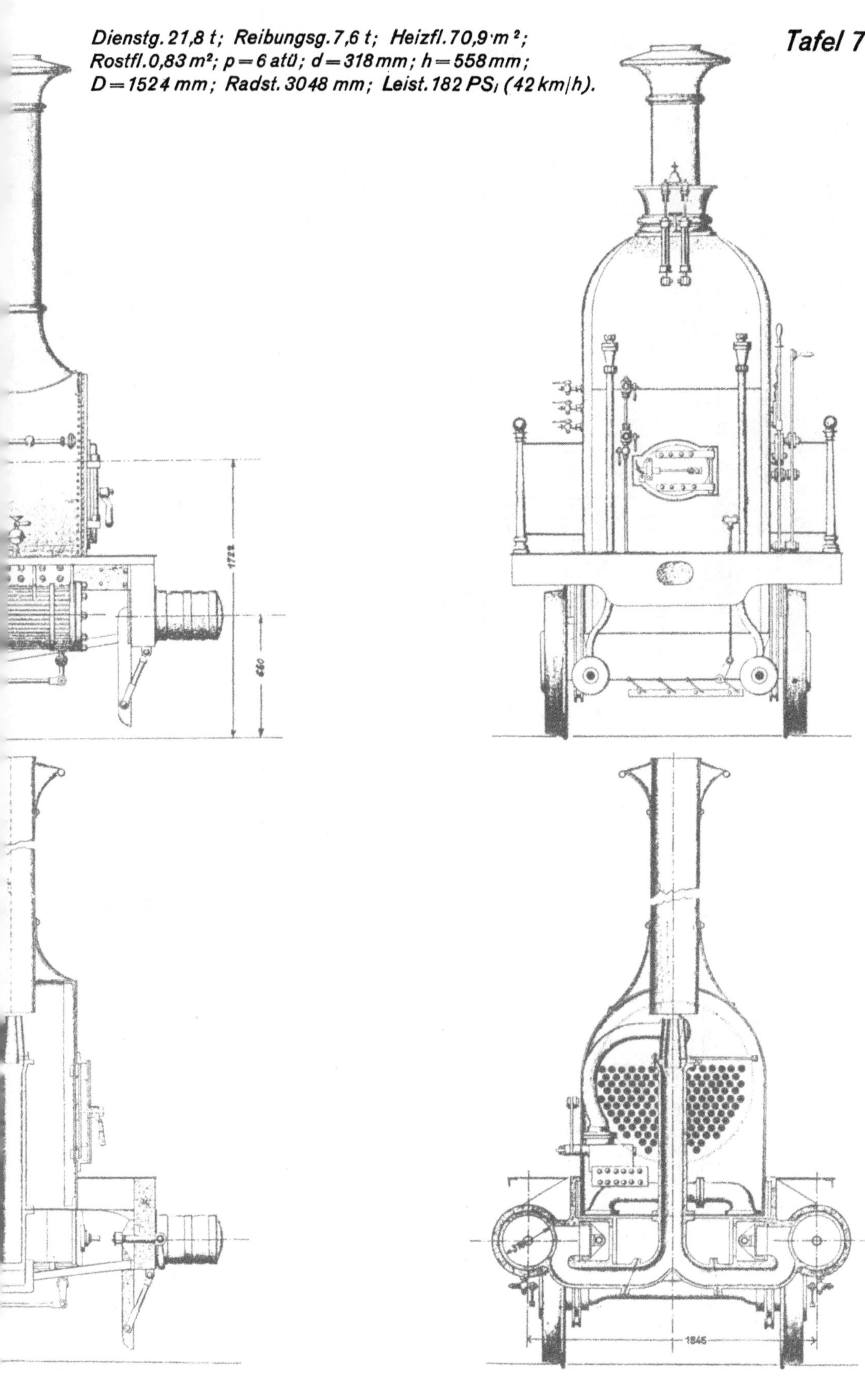

2 A, Bauart Norris 1839.

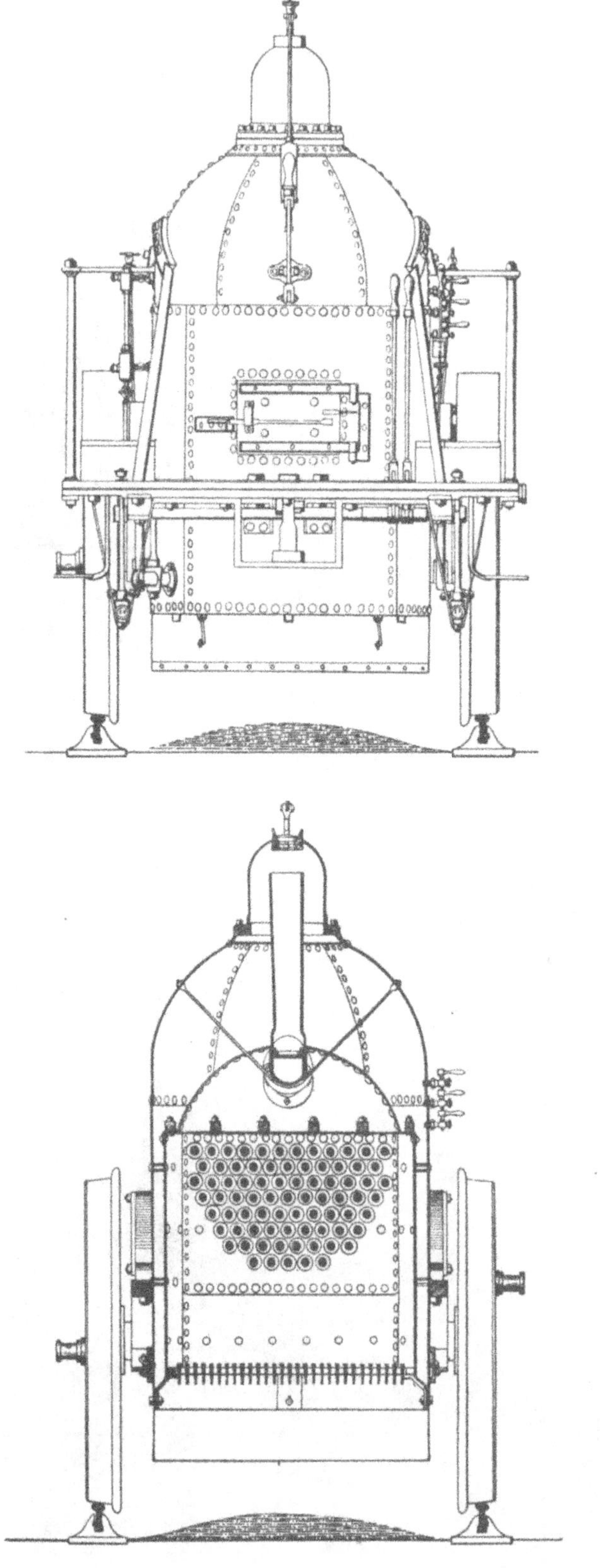

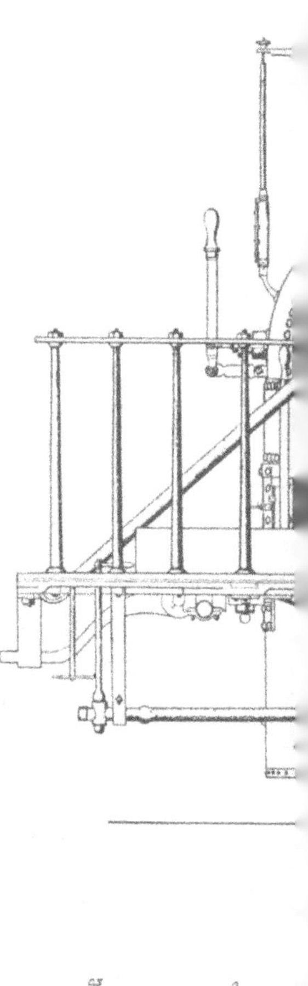

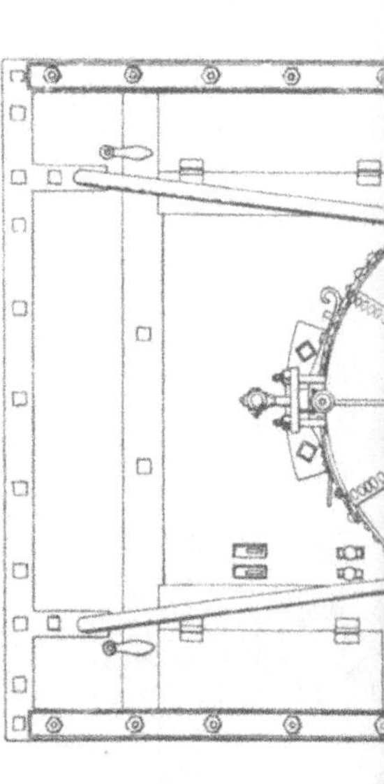

nstg. 11,2 t; Reibungsg. 8 t; Heizfl. 33,5 m²;
stfl. 0,66 m²; p = 4 atü; d = 267 mm; h = 457 mm;
= 1244 mm; Radst. 2934 mm; Leist. 69 PSᵢ (23 km/h).

Tafel 8

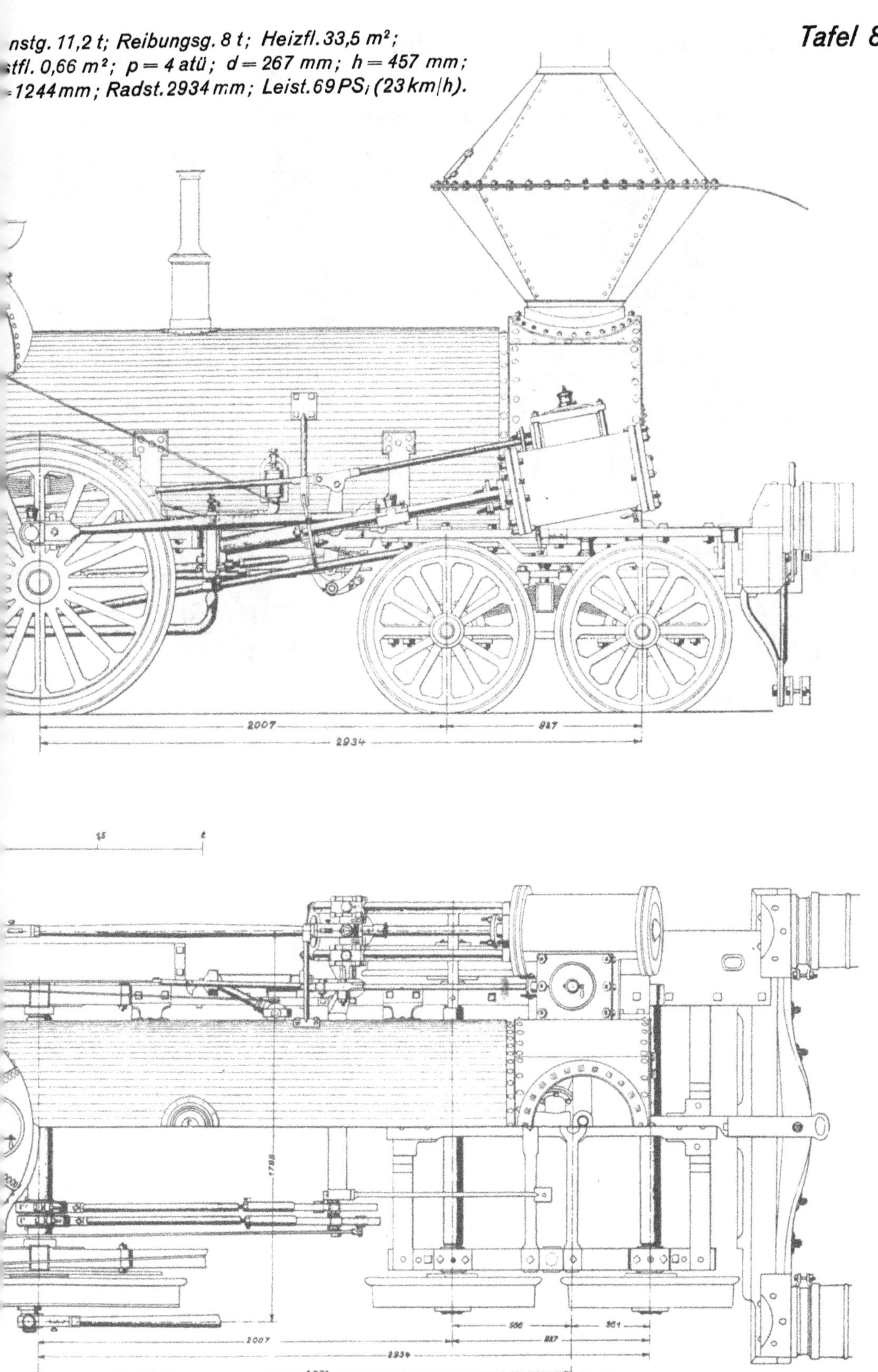

1 A 1 „Beuth", Berlin-Anhalter Bahn.

Erb. Borsig 1844.

Schräge Außenzylinder, feste Vorderachse, Borsigsteuerung.

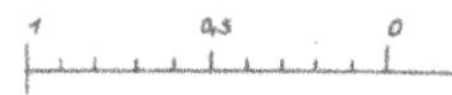

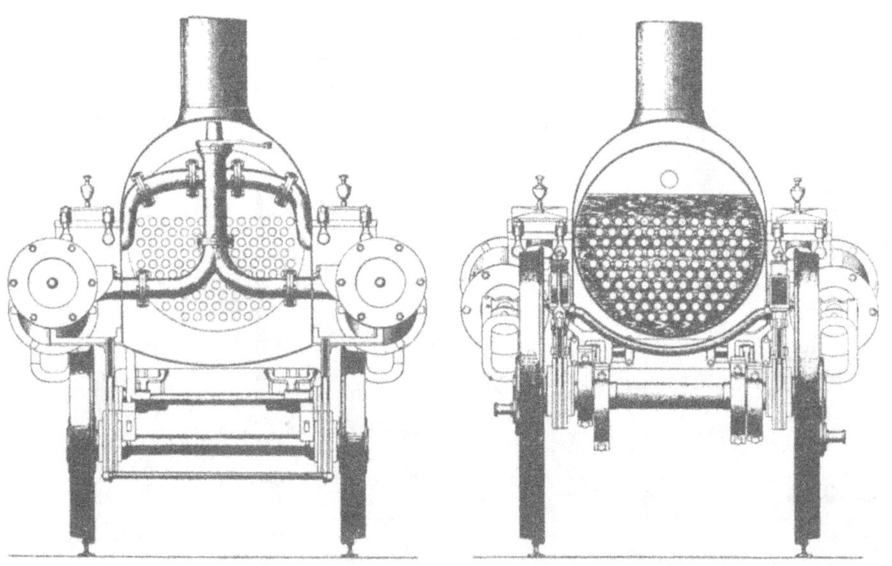

ɪnstg. 18,15 t; Reibungsg. 9,1 t; Heizfl. 46,5 m²; Rostfl. 0,83 m²; $p = 5{,}5$ atü; =330 mm; $h = 558$ mm; $D = 1524$ mm; Radst. 3813 mm; Leist. 163 PS_i (35 km/h).

Tafel 9

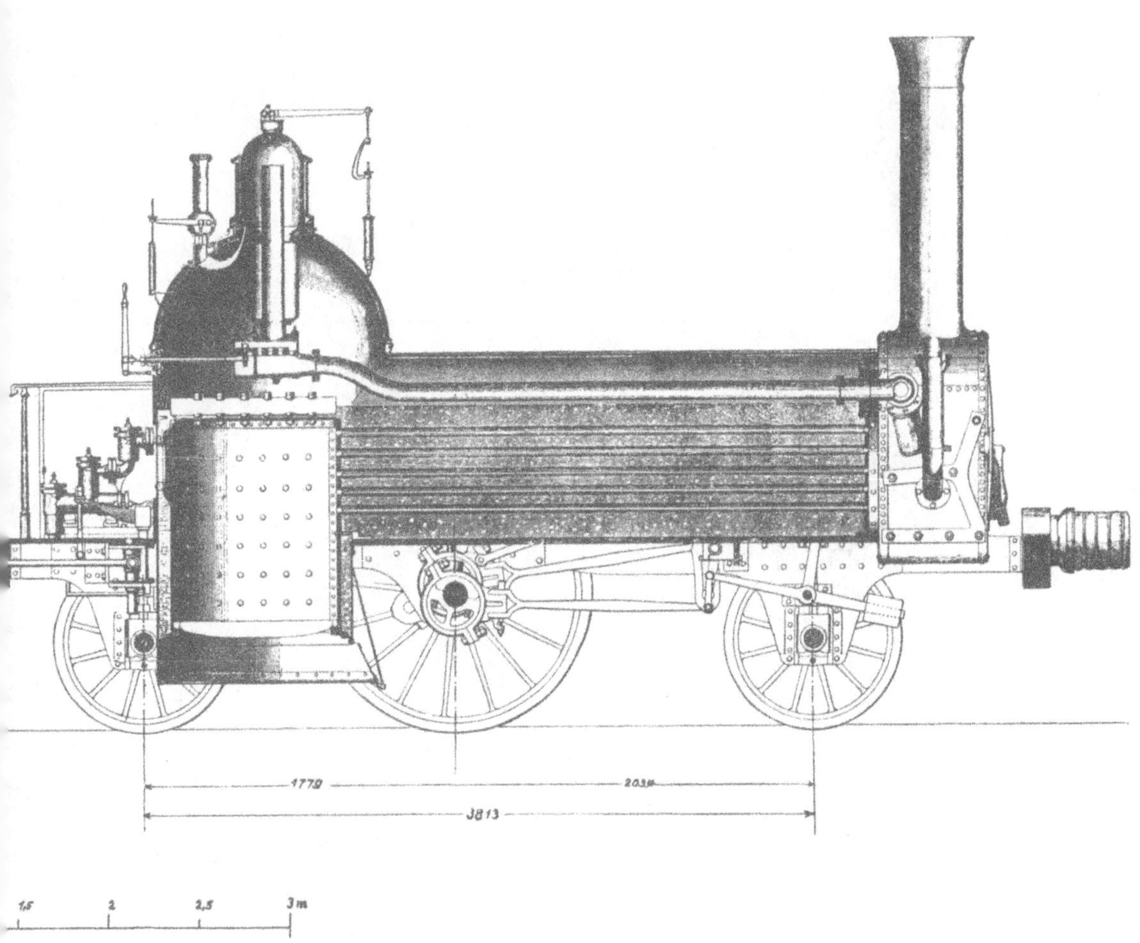

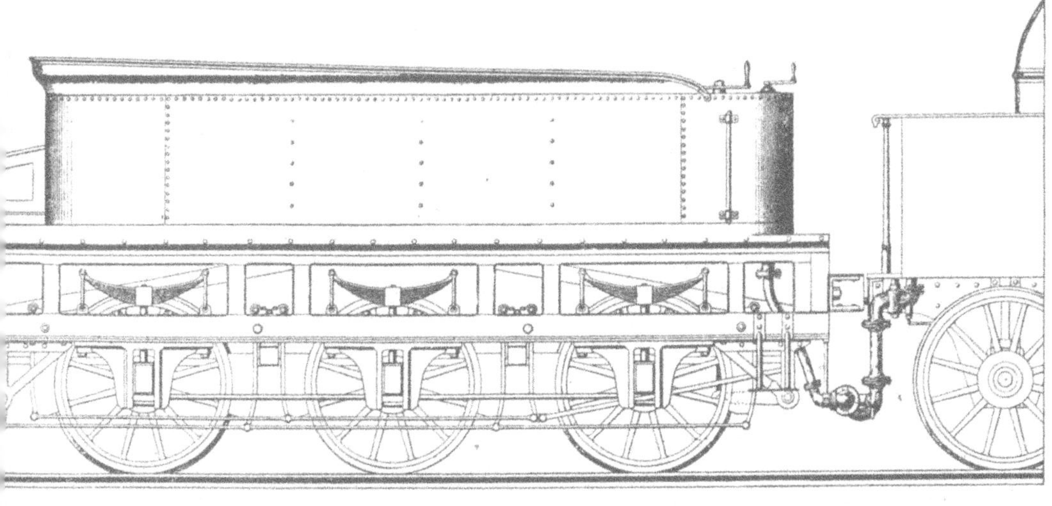

2 A mit Blindwelle, Badische Staatsbahn.

Umbau Mbg. Karlsruhe 1853 aus 1 A 1.

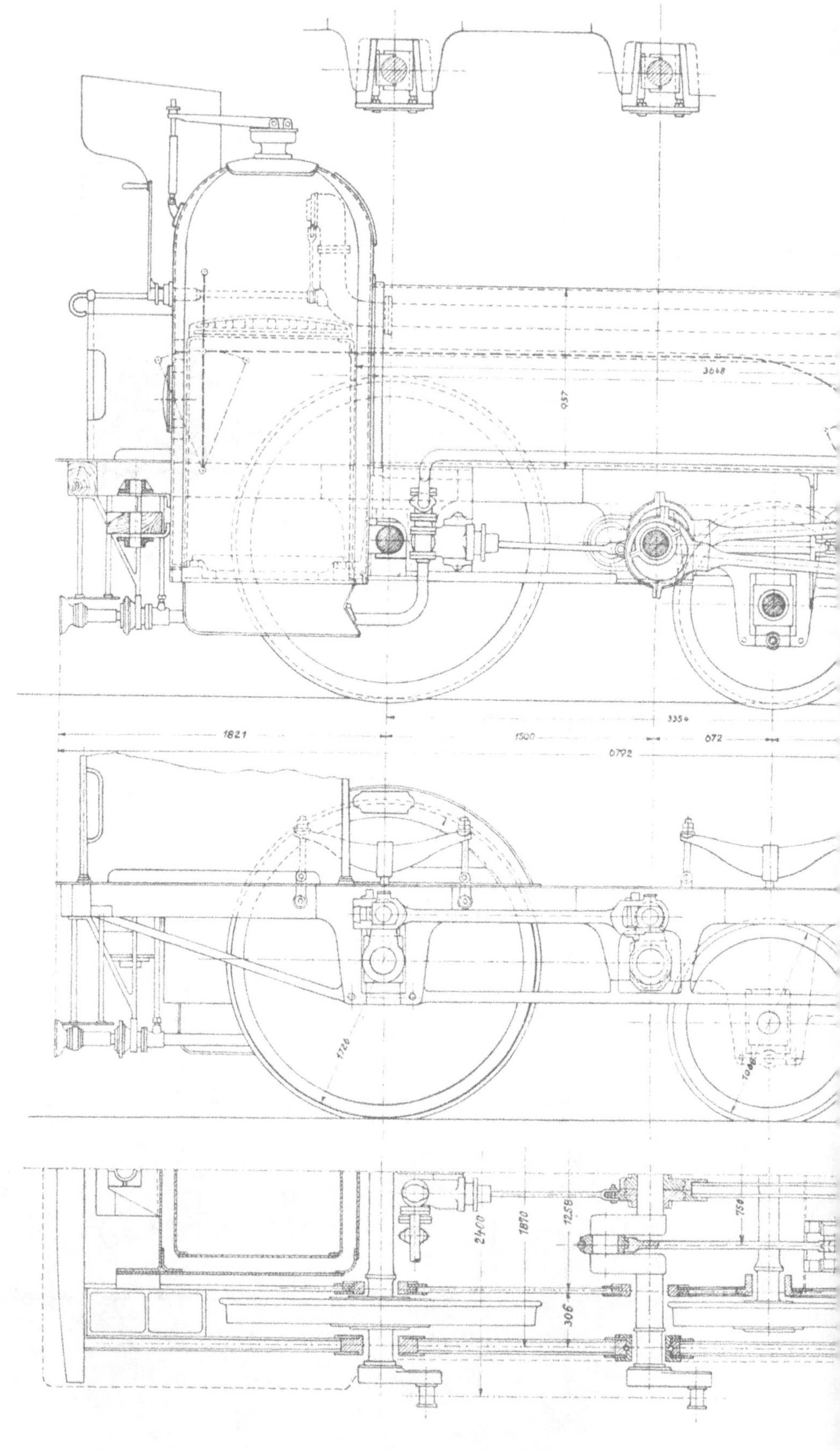

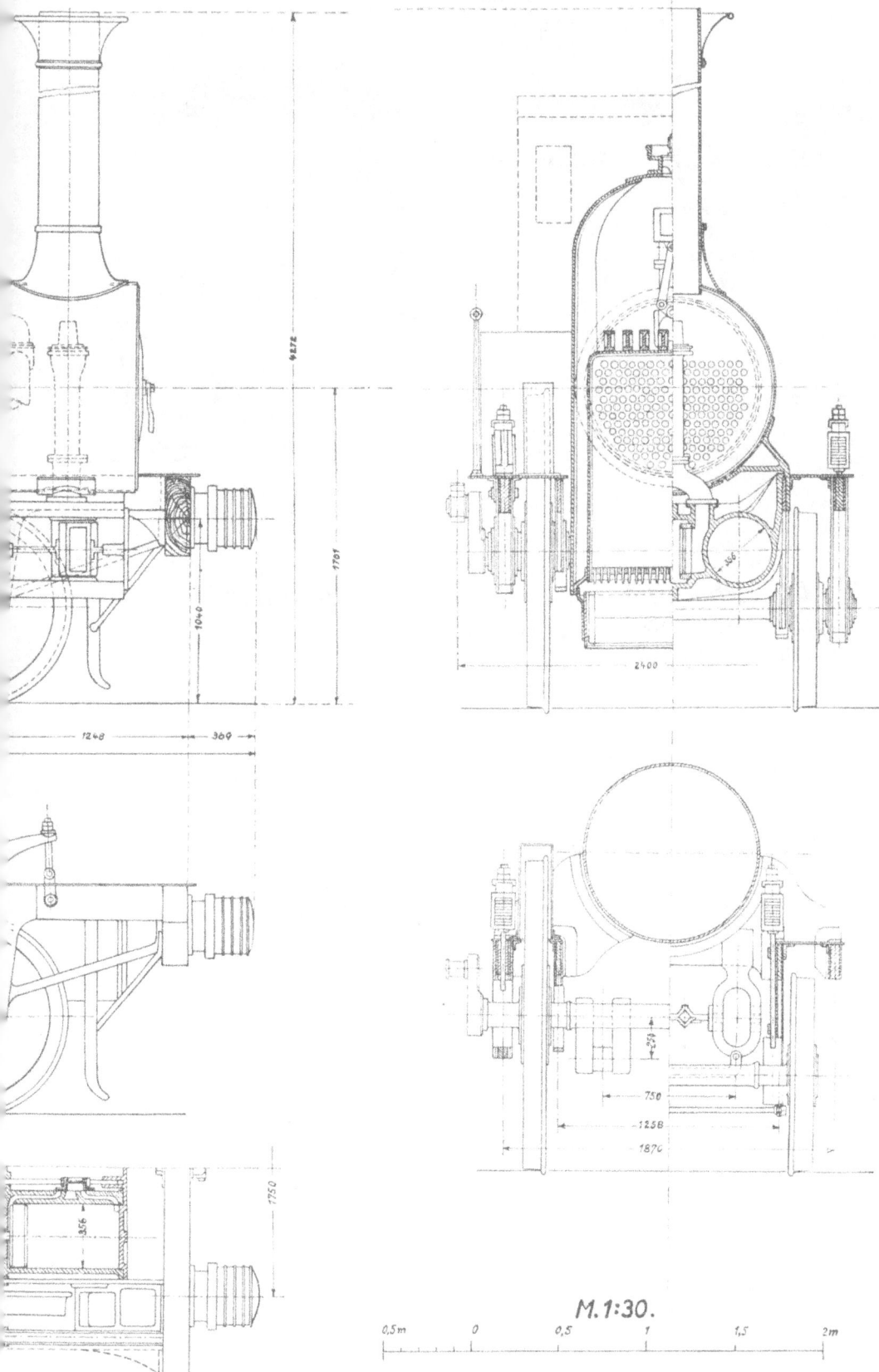

ibungsg. 10,5 t; Heizfl. 67,89 m²; Rostfl. 0,85 m²; p = 6,6 atü;
08 mm; D = 1726 mm; Radst. 3354 mm; Leist. 193 PS_i (44 km/h).

Tafel 10

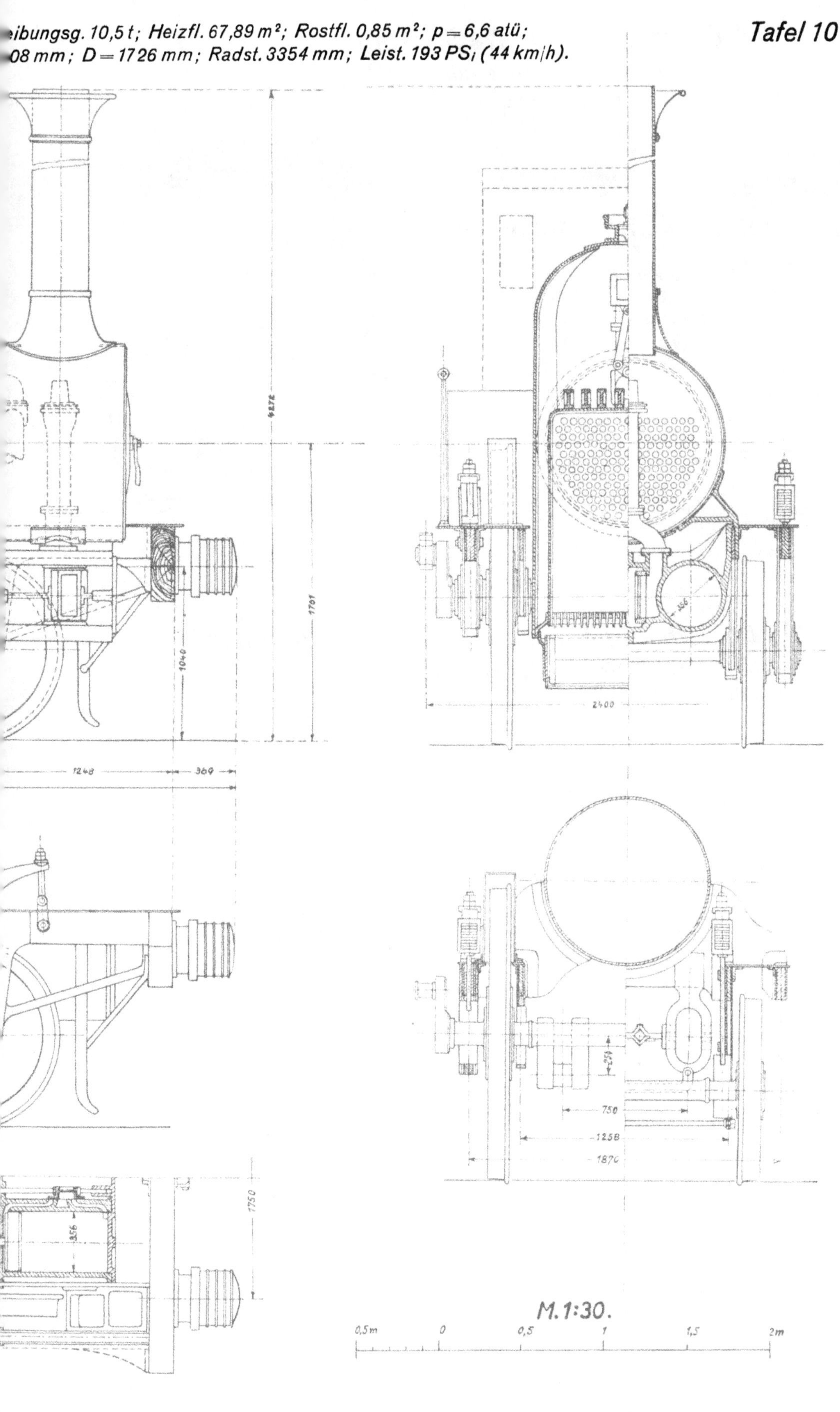

2 A-Crampton, Main-Neckar-Bahn.

Erb. Mbg. Karlsruhe 1855.

Doppelrahmen.

Dienstg. 29,7 t; Reibungsg. 12 t;
Heizfl. 77,3 m²; Rostfl. 0,98 m²;
$p = 6$ atü; $d = 381$ mm;
$h = 560$ mm; $D = 1980$ mm;
Radst. 4254 mm;
Leist. 205 PS_i (42 km/h).

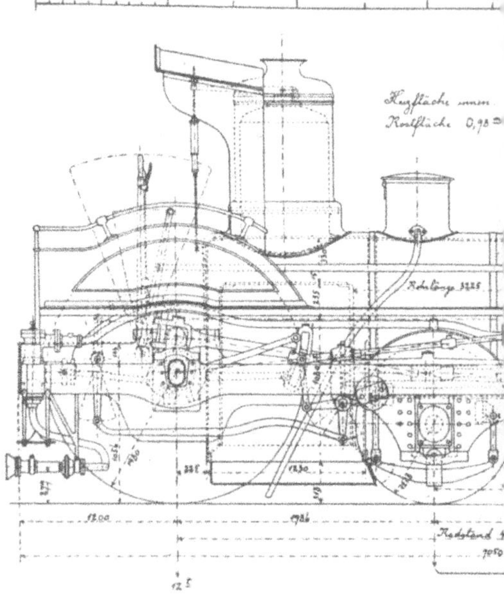

1 A 1 „Philipp d. Gr.", Frankf.-Hanauer Bahn

Versch. Erbauer 1853–69.

Correns-Kessel, Außensteuerung.

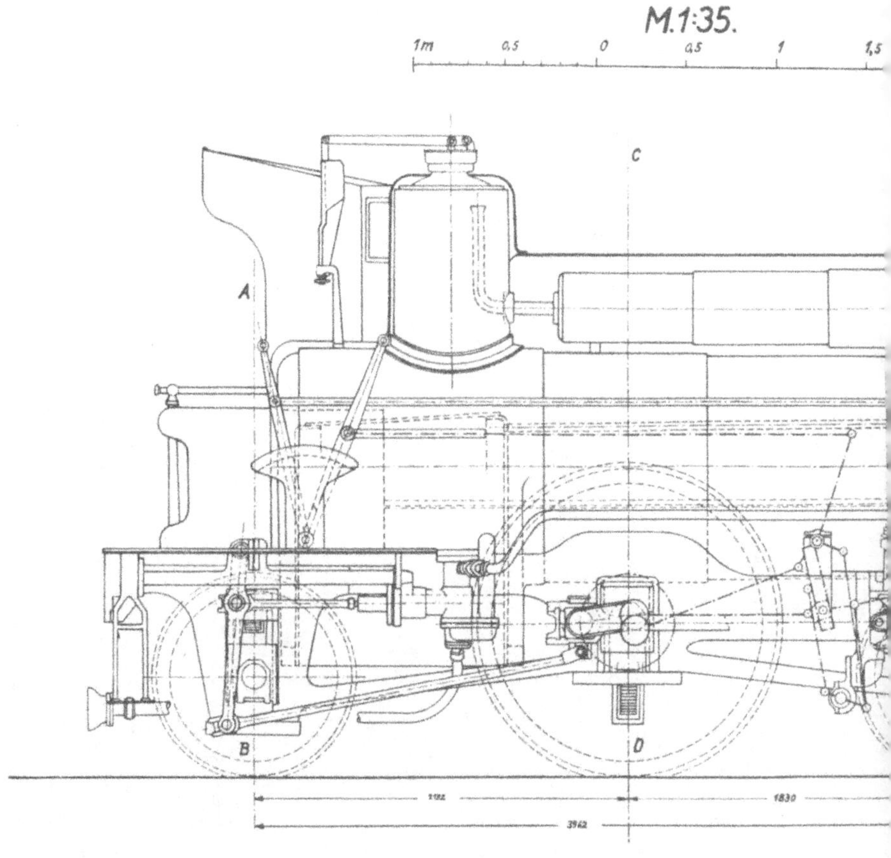

Tafel 11

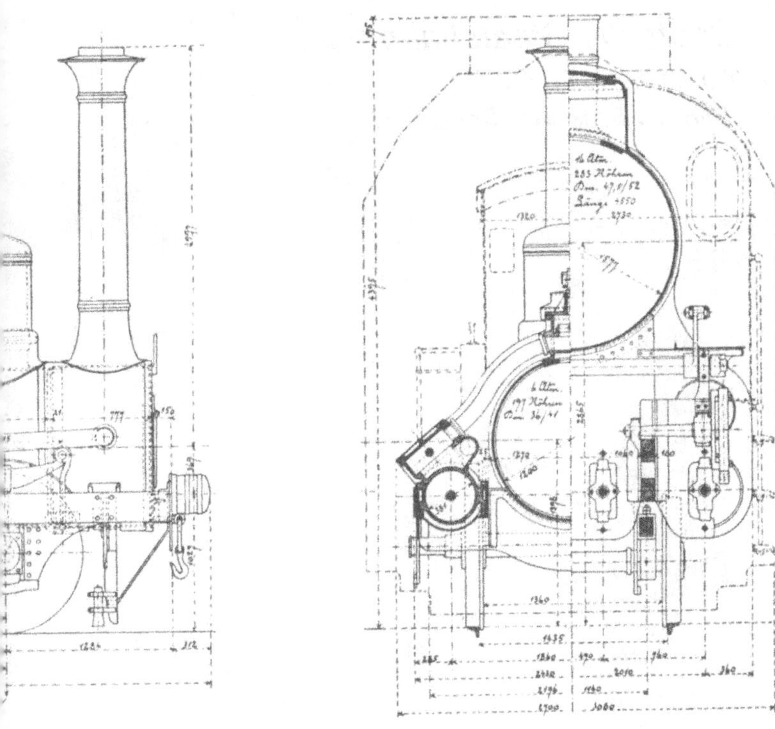

enstg. 26,0 t; Reibungsg. 11,5 t; Heizfl. 84,87 m^2; Rostfl. 1,12 m^2; $p = 8$ atü;
$= 381$ mm; $h = 508$ mm; $D = 1674$ mm; Radst. 3962 mm; Leist. 262 PS_i (50 km/h)

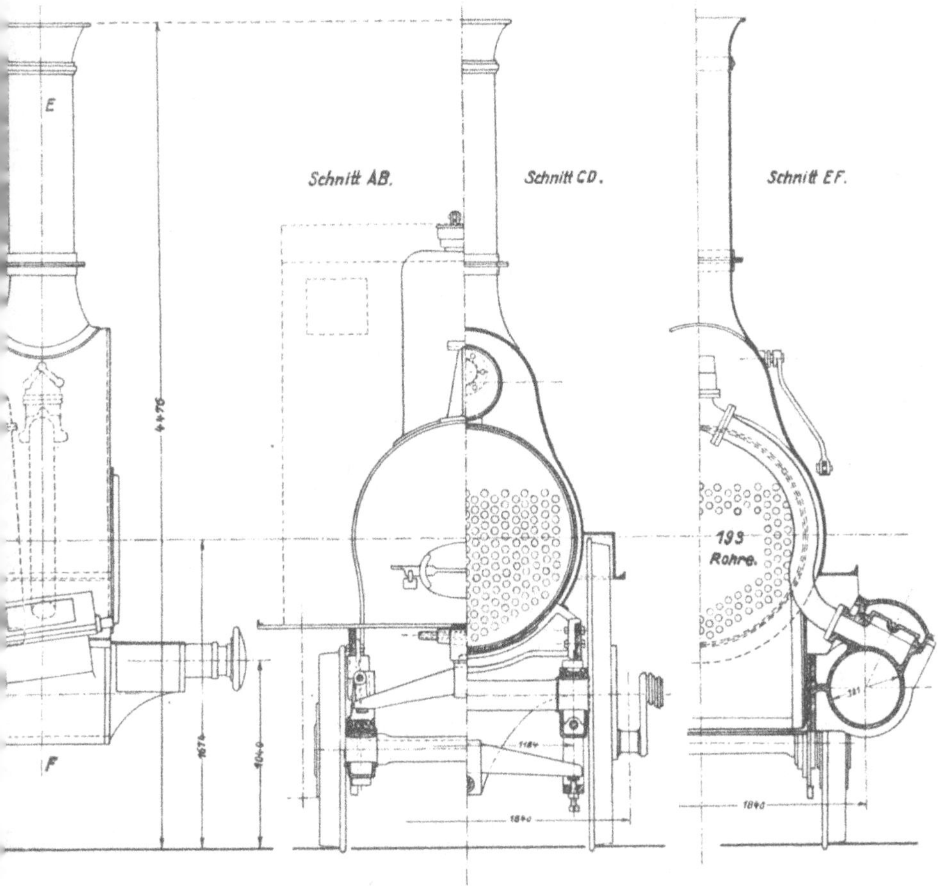

2 A-Crampton, Badische Staatsbahn.

Erb. Mbg. Karlsruhe 1854/55.

Außenrahmen, Hallsche Kurbeln, Birnkessel, Drehgestell.

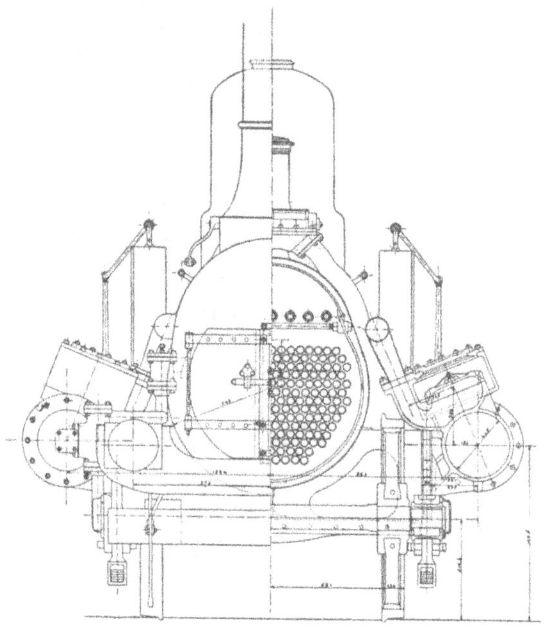

M. 1:4

1m 0,5 0 0,5 1

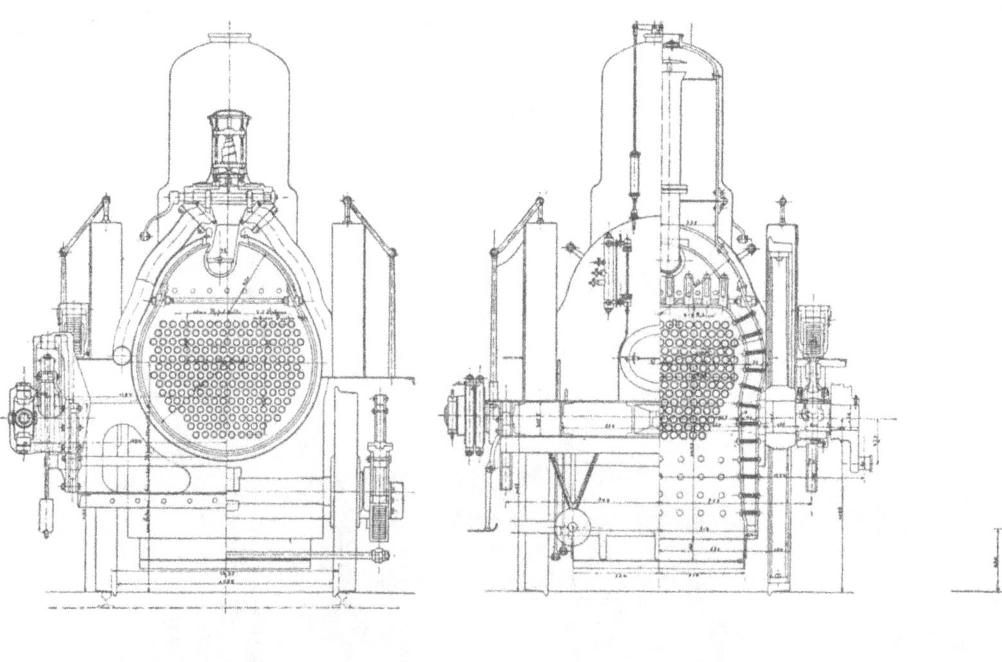

Tafel 12

nstg. 28,5 t; Reibungsg. 13 t; Heizfl. 81,79 m^2;
stfl. 1,07 m^2; p = 7 atü; d = 405 mm; h = 560 mm;
= 2130 mm; Radst. 4380 mm; Leist. 235 PS_i (46 km/h).

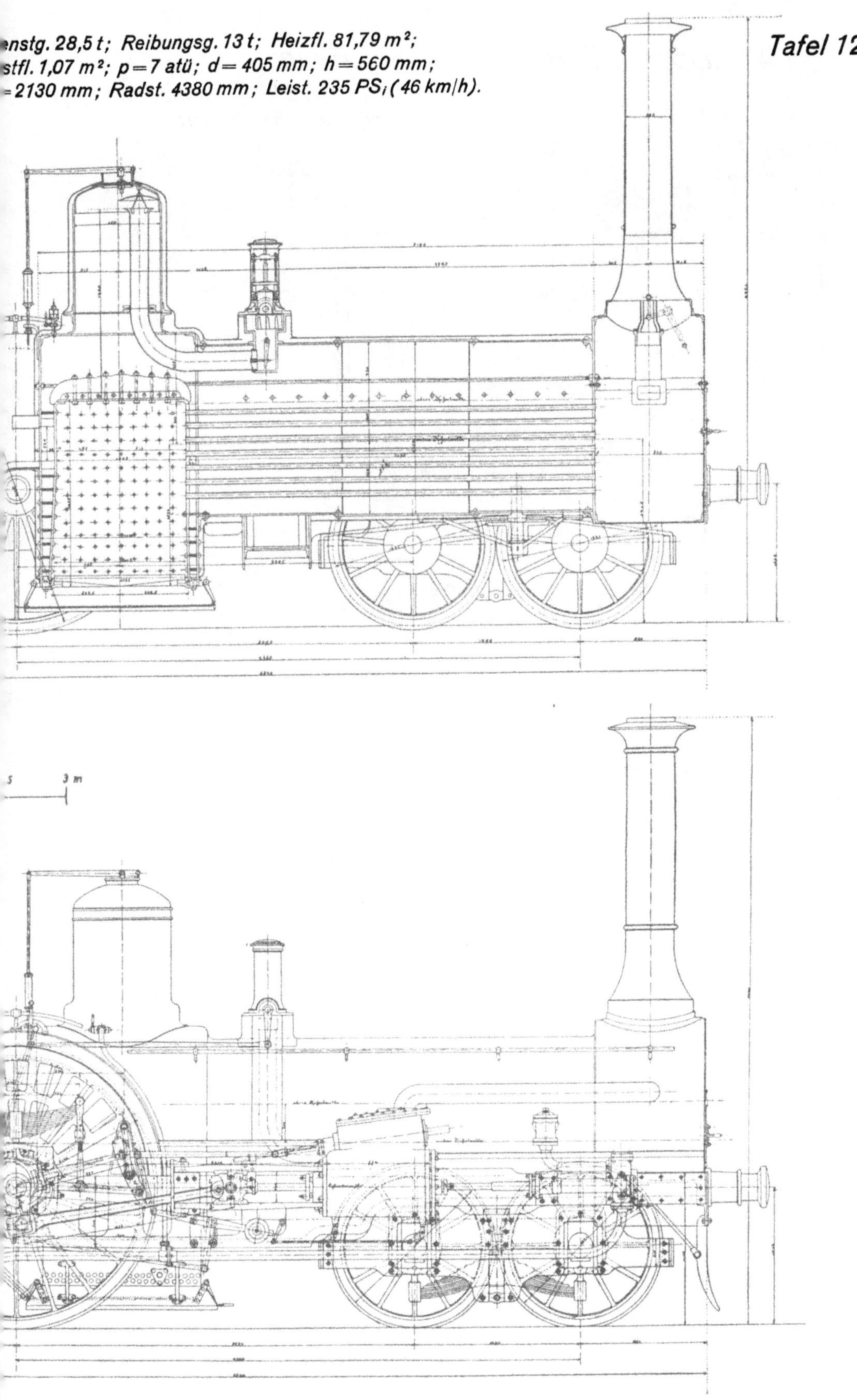

1 A 1 „Lippe“, Berlin-Potsdamer Bahn.

Erb. Borsig 1864 und andere.
Norddeutsche Regelbauart.

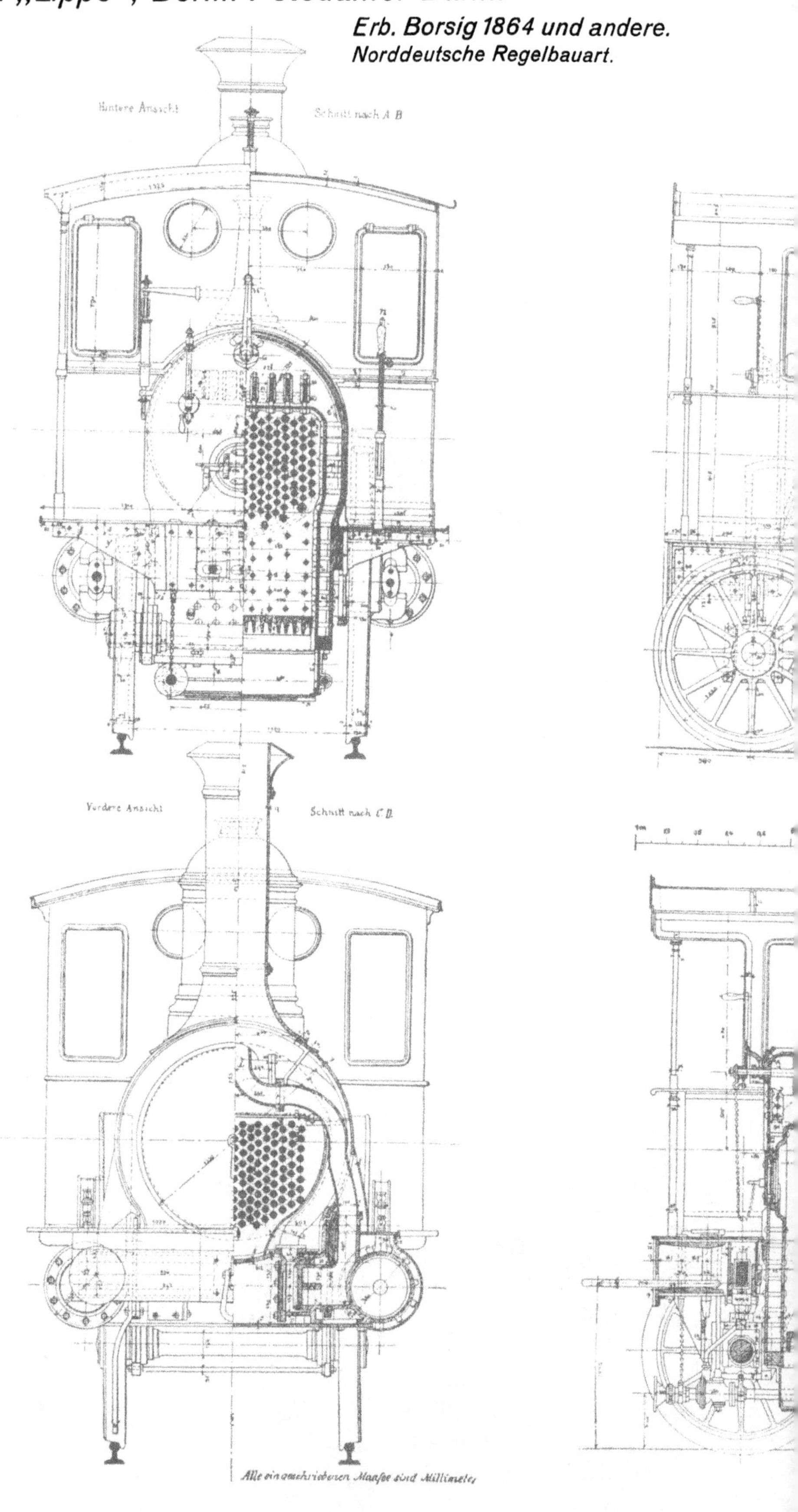

enstg. 28,3 t; Reibungsg. 12,4 t; Heizfl. 84,2 m²; Rostfl. 1,15 m²; p = 8 atü; = 380 mm; h = 510 mm; D = 1936 mm; Radst. 4550 mm; Leist. 282 PS_i (63 km/h).

Tafel 13

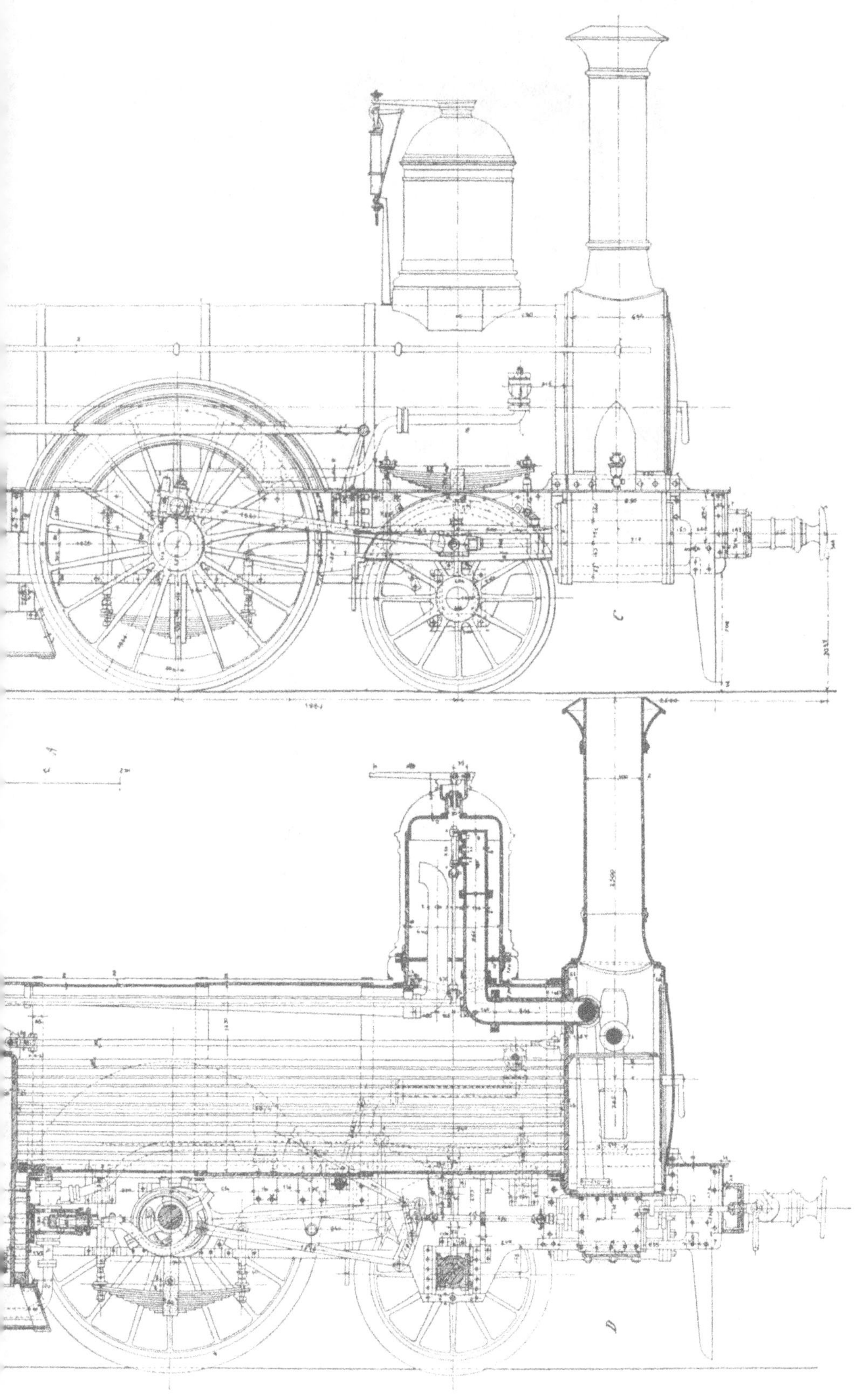

1 B, Main-Weser-Bahn

Erb. Kessler 1849.

Langrohrkesselbauart.

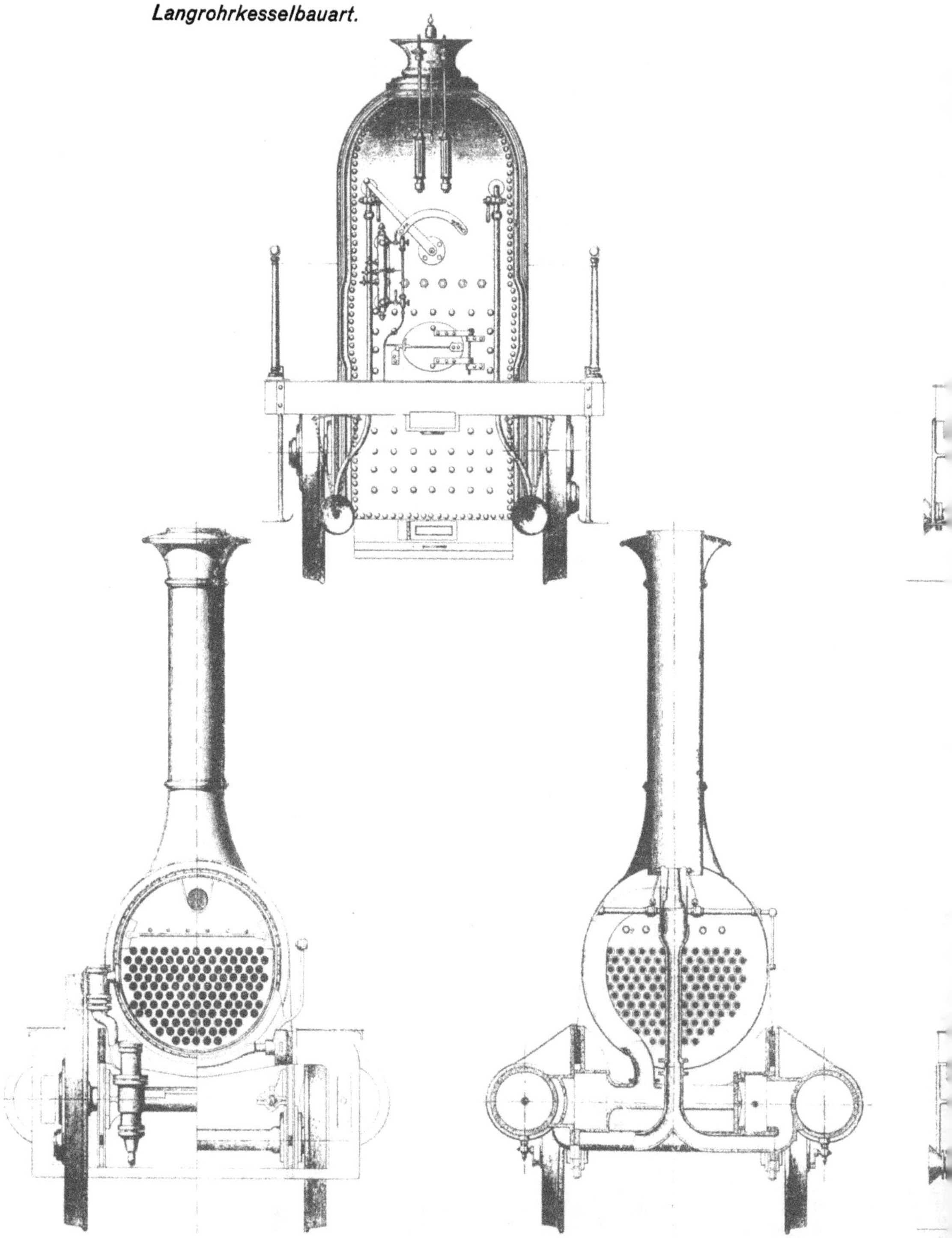

M.1:35.

nstg. 23,5 t; Reibungsg. 18,2 t; Heizfl. 80,7 m²; Rostfl. 0,92 m²; p = 8 atü;
356 mm; h = 559 mm; D = 1524 mm; Radst. 3324 mm; Leist. 230 PSᵢ (42 km/h).

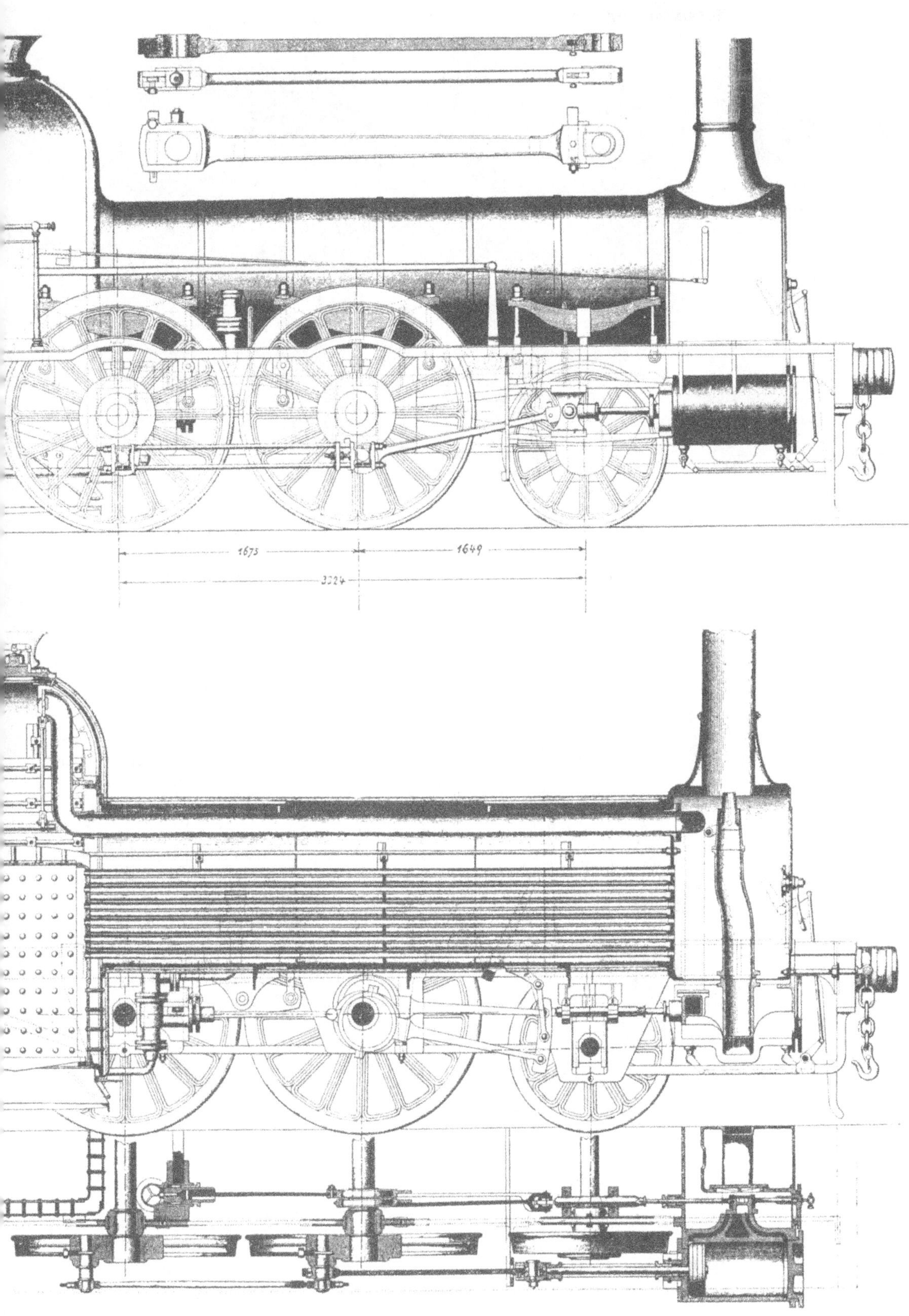

1 B, Bayer. Staatsbahn.

Erb. Maschinenfabr. Eßlingen 1853.

Kessel in Birnform.

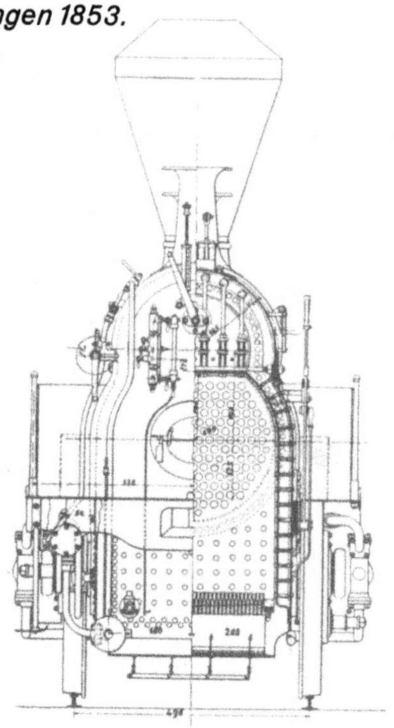

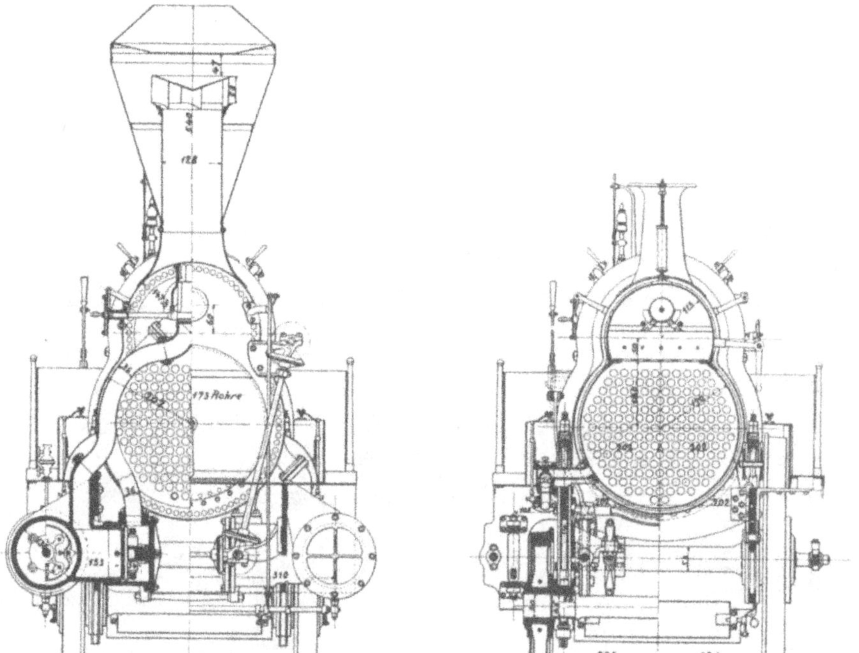

M. 1:40.

tg. 28 t; Reibungsg. 20,1 t; Heizfl. 88,7 m²;
.1,26 m²; p=7 atü; d=406 mm; h=610 mm;
524 mm; Radst. 3050 mm; Leist. 298 PSᵢ (38 km/h).

Tafel 15

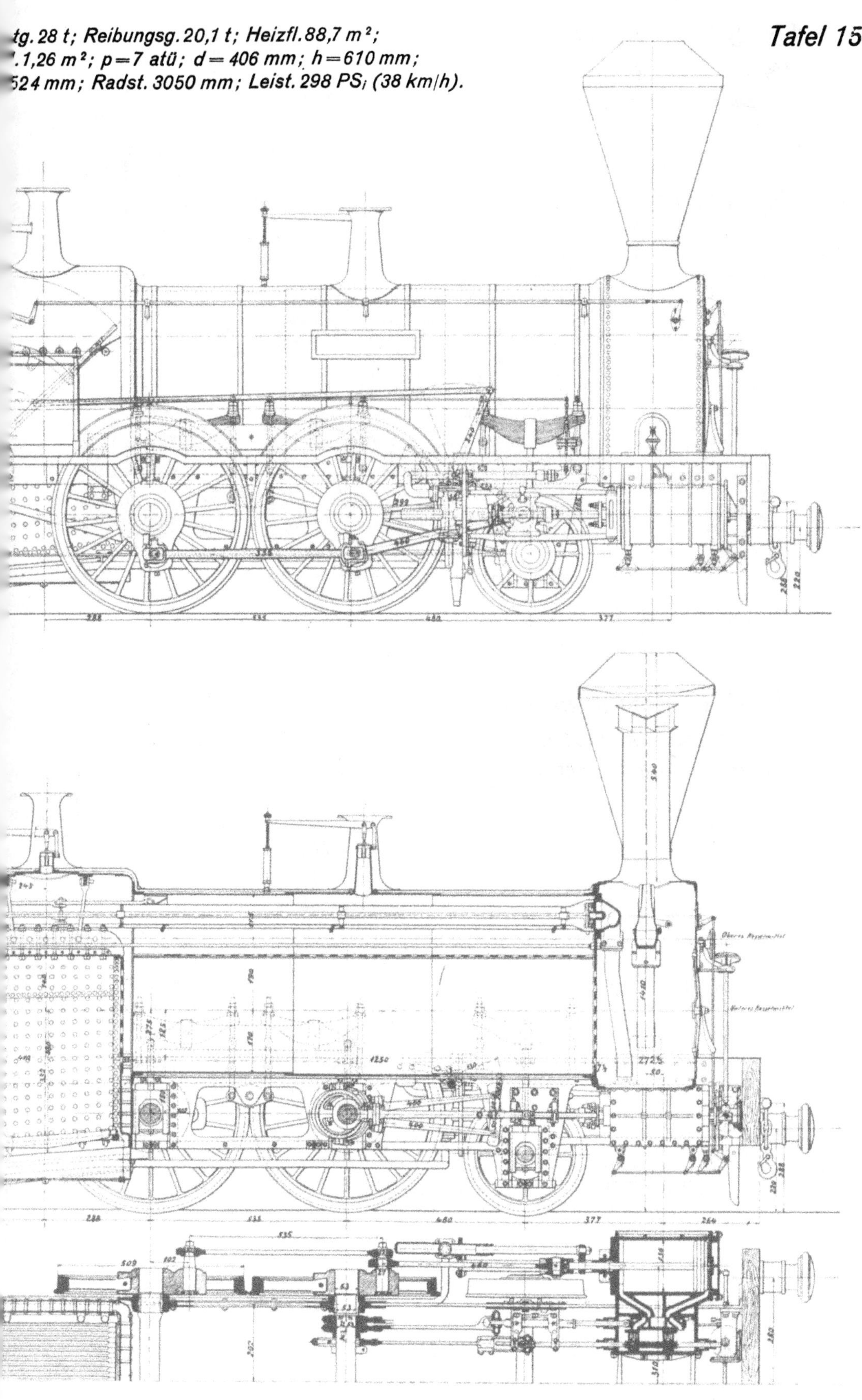

1 B, Sächs. Staatsbahn.

Verschiedene Erbauer 1853.

Durchhängende Büchse.

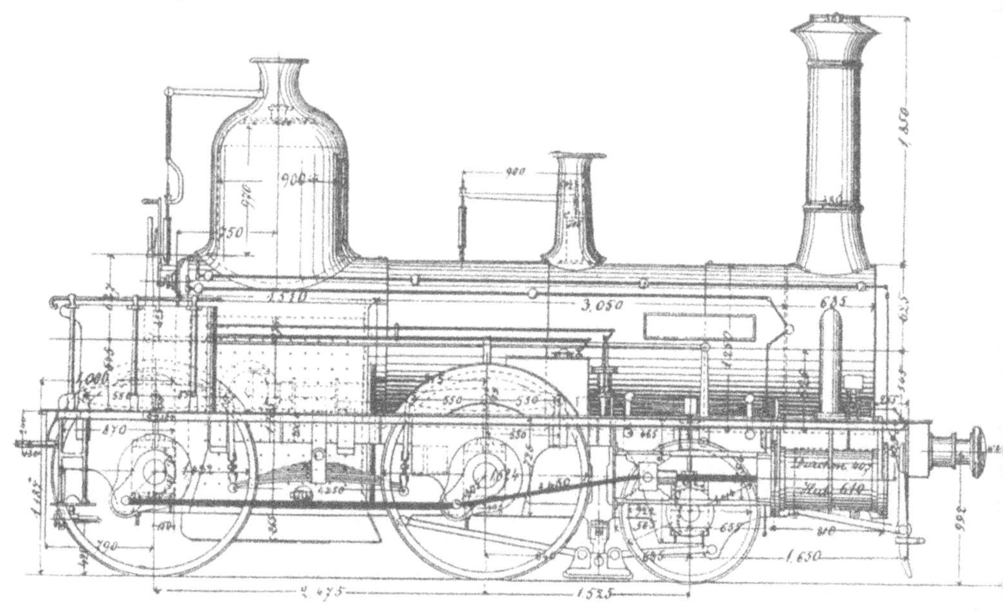

1 B, Sächs. Staatsbahn.

Erb. Hartmann 1854.

Steuerung nach Gonzenbach.

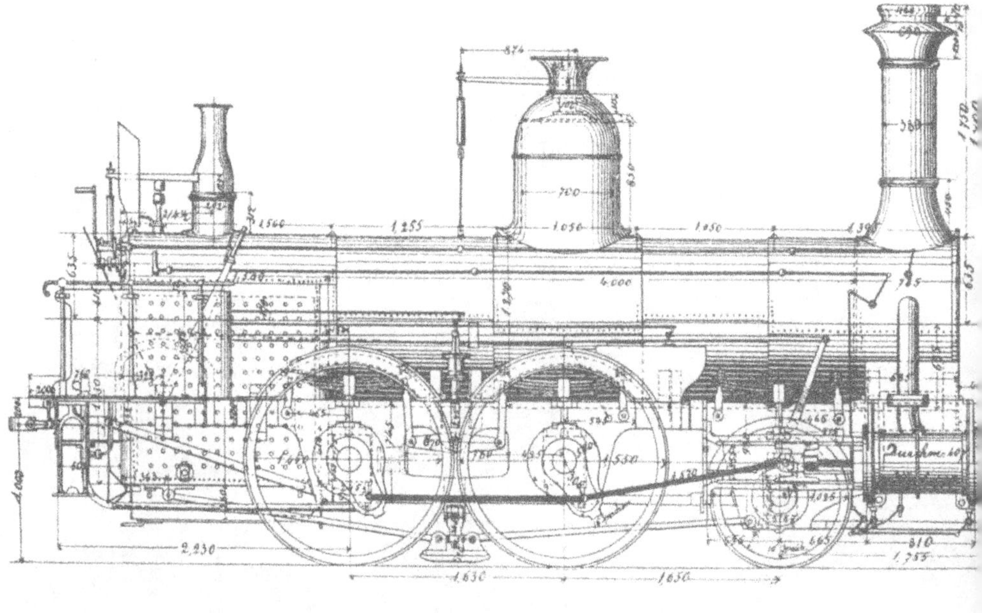

Tafel 16

…nstg. 26,5 t; Reibungsg. 20 t; Heizfl. 79,71 m²; Rostfl. 1,2 m²; p = 7 atü;
…407 mm; h = 610 mm; D = 1524 mm; Radst. 4000 mm; Leist. 264 PSᵢ (34 km/h).

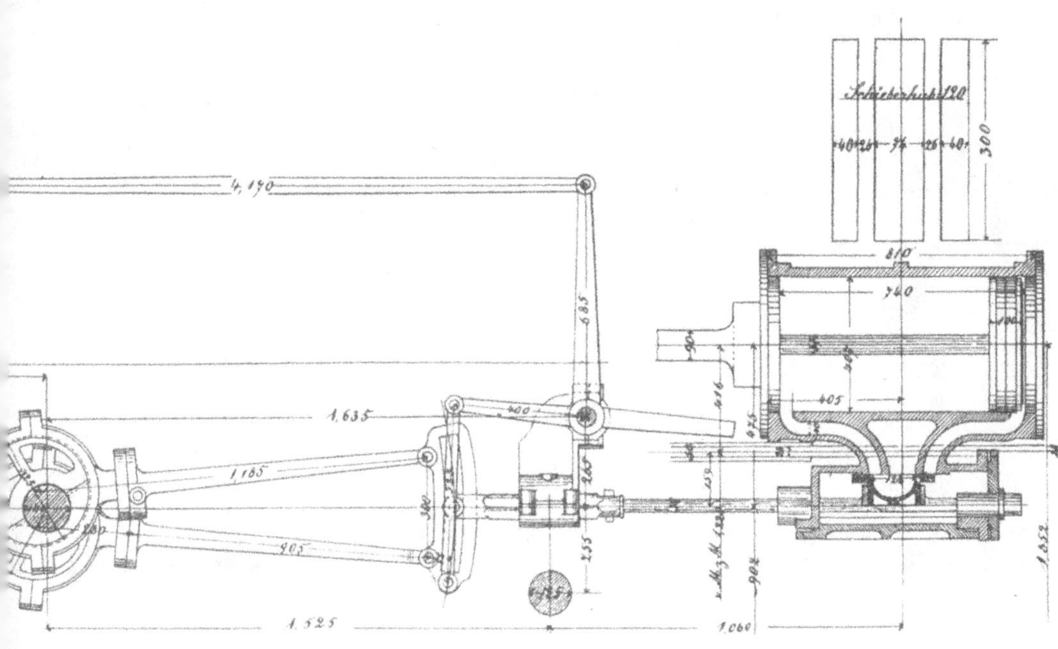

…nstg. 29,1 t; Reibungsg. 21,6 t; Heizfl. 99,1 m²; Rostfl. 1,25 m²; p = 7 atü;
…407 mm; h = 610 mm; D = 1550 mm; Radst. 3280 mm; Leist. 296 PSᵢ (39 km/h).

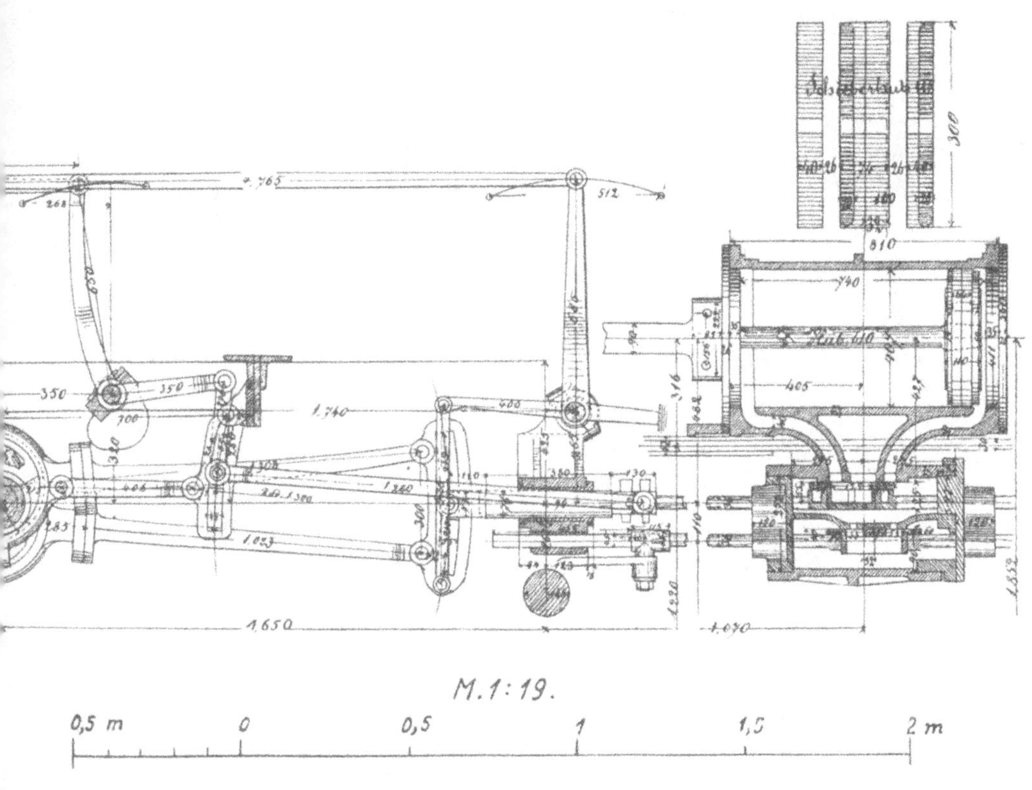

M. 1 : 19.

0,5 m 0 0,5 1 1,5 2 m

1 B, Bayer. Staatsbahn.

Erb. Maffei 1853.

Außenrahmen und Kurbeln Bauart Hall.

Dienstg. 30 t; Reibungsg.
Rostfl. 1,31 m²; p = 7 atü
D = 1470 mm; Radst. 30

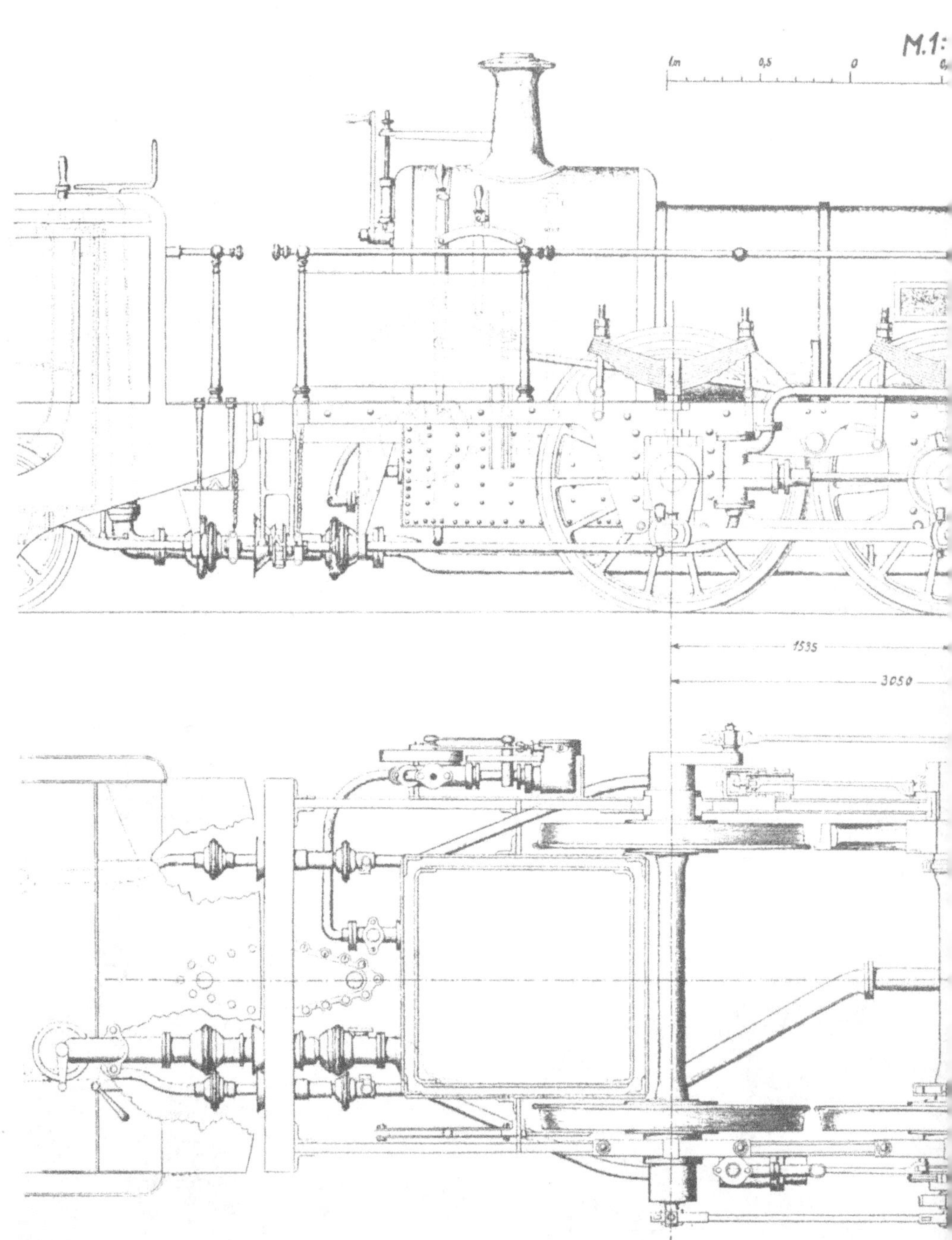

Tafel 17

²;
‘0 mm;
(38 km/h).

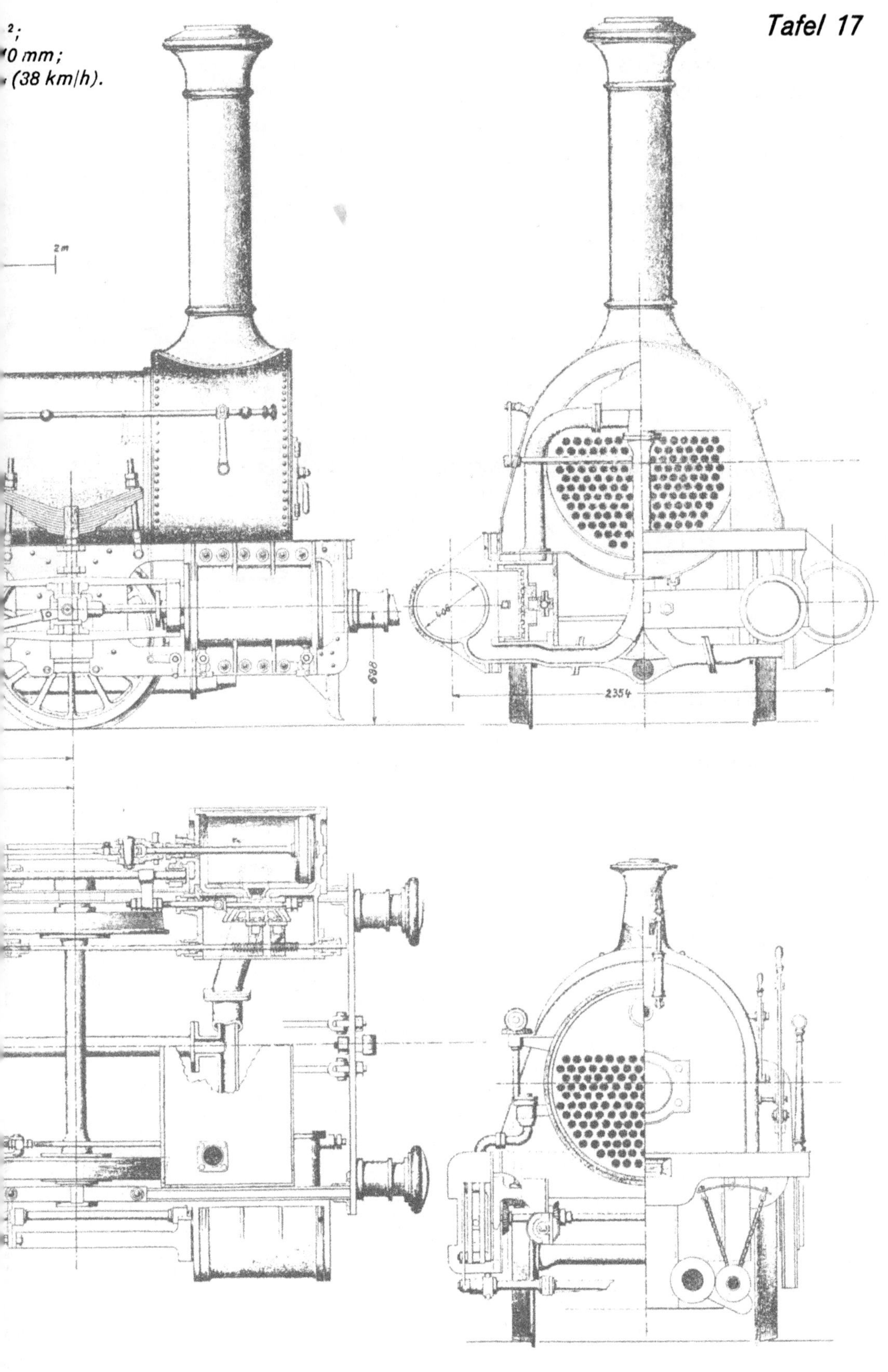

C, Aussig-Teplitzer Bahn.

Erb. Borsig 1870.

Vielfach auf Böhmischen Kohlenbahnen.

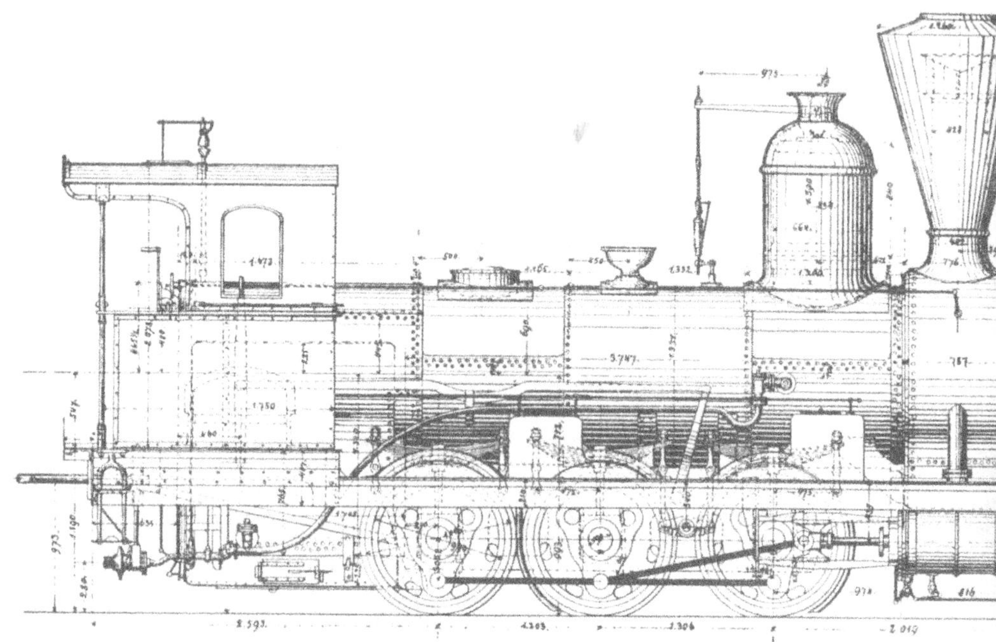

1B, Buschterader Bahn.

Erb. Hartmann 1870.

Als österreich. Regelbauart mit 1859 beginnend.

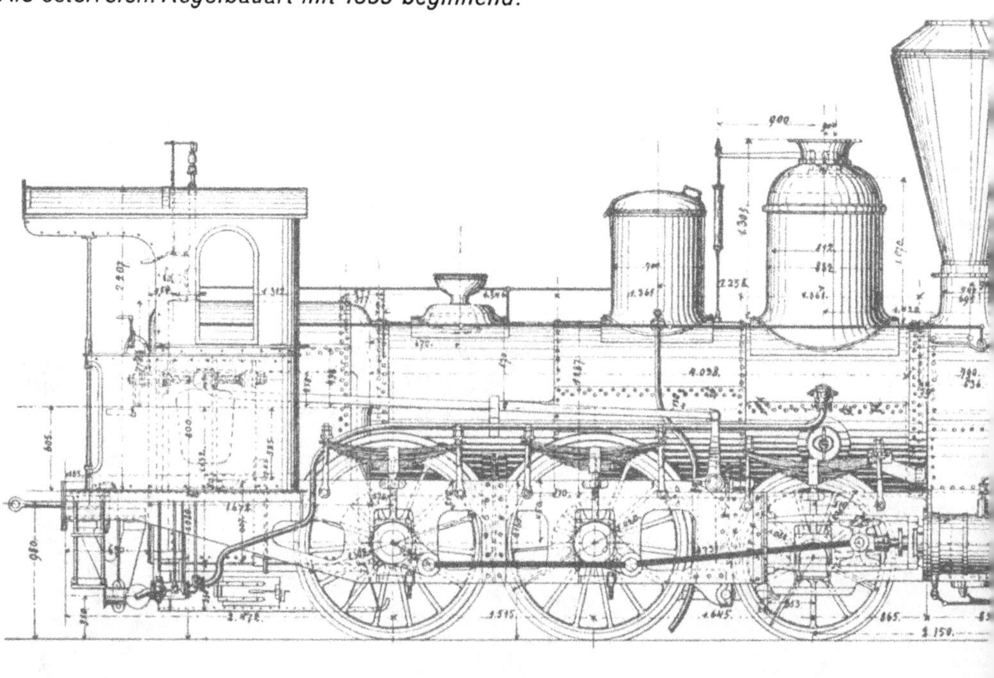

M. 1:47.

1m 0 1 2 3 4 5m

nstg. 33,7 t; Reibungsg. 33,7; Heizfl. 108,32 m²; Rostfl. 1,52 m²; p = 8 atü;
421 mm; h = 610 mm; D = 1116 mm; Radst. 2509 mm; Leist. 382 PS_i (33 km/h).

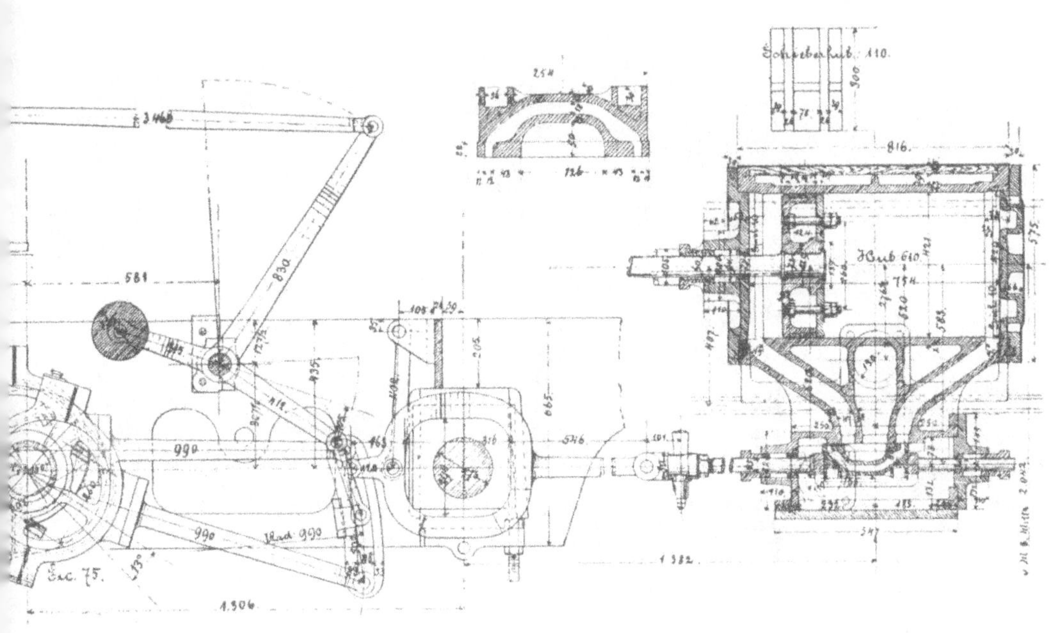

nstg. 33,2 t; Reibungsg. 21,5 t; Heizfl. 108 m²; Rostfl. 1,69 m²; p = 10 atü;
= 370 mm; h = 610 mm; D = 1420 mm; Radst. 3160 mm; Leist. 466 PS_i (65 km/h).

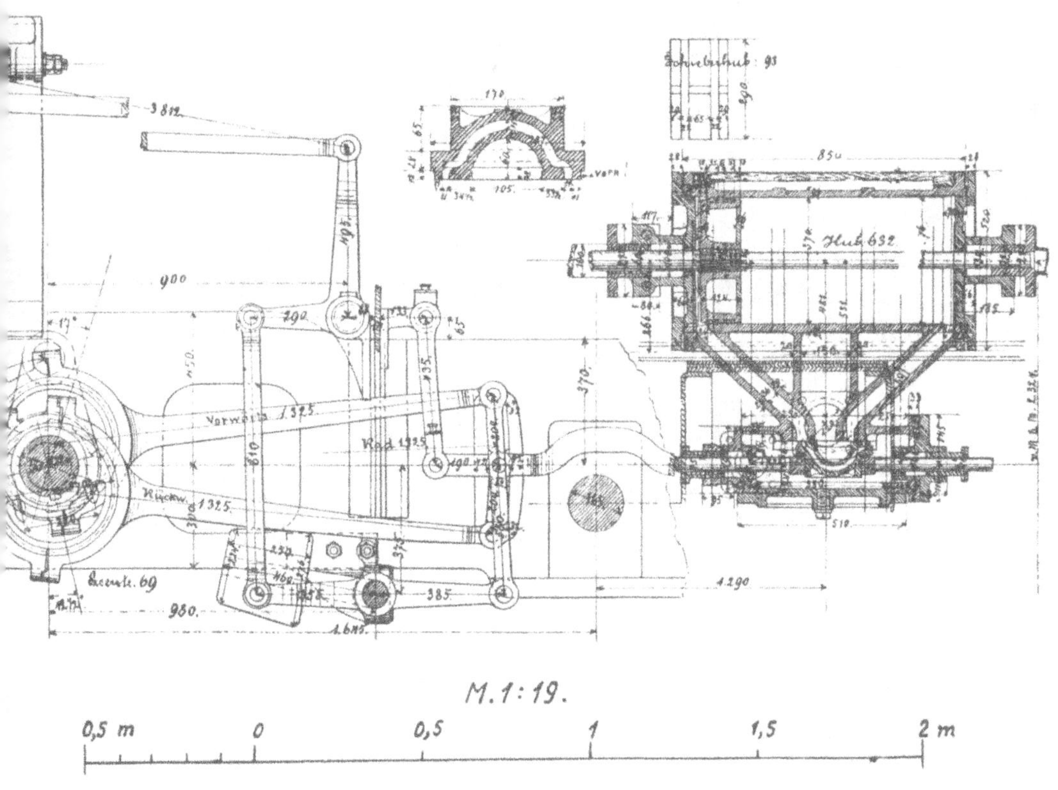

M. 1 : 19.

0,5 m 0 0,5 1 1,5 2 m

B 1-Tendermaschine, Köln-Mindener Bahn.

Verschiedene Erbauer 1867.

Außensteuerung, Scherentriebwerk.

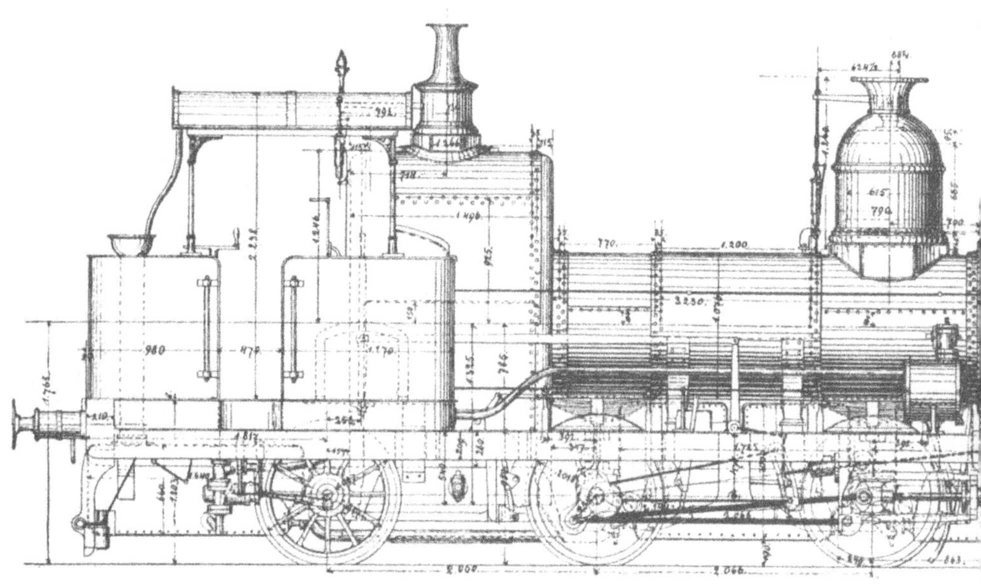

1 B-Tendermaschine, Sächs. Staatsbahn.

Erb. Hartmann 1860.

Zylinderlage nach Crampton, Scherentriebwerk.

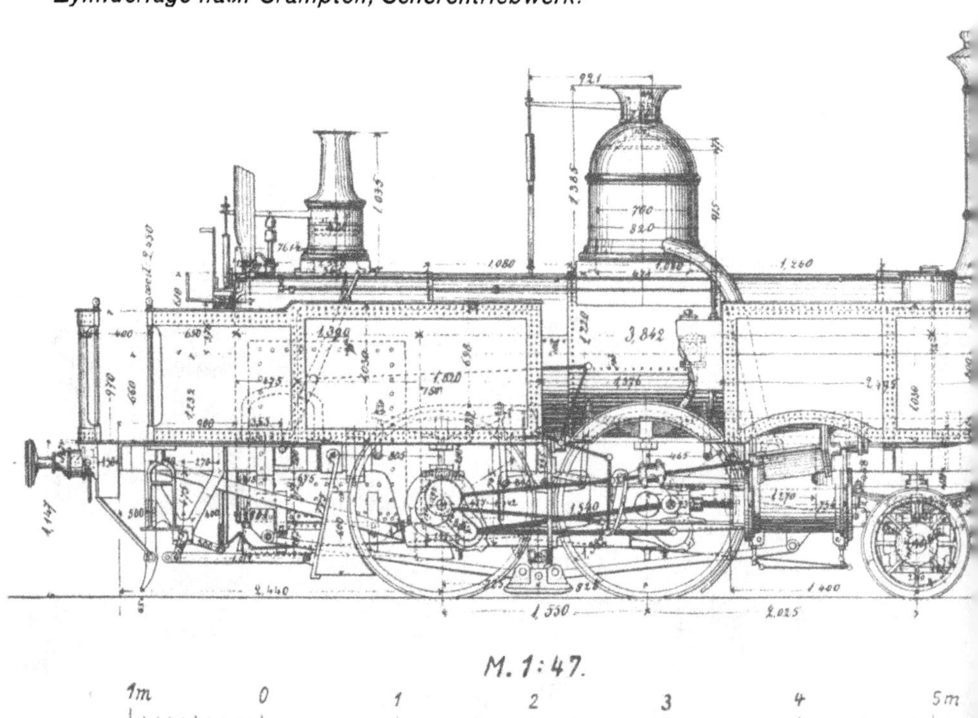

M. 1:47.

1m 0 1 2 3 4 5m

Tafel 19

nstg. 37,9 t; Reibungsg. 26,9 t; Heizfl. 56,47 m²; Rostfl. 1,18 m²;
8 atü; d = 355 mm; h = 508 mm; D = 1018 mm; Radst. 4066 mm;
asser 3,86 m³; Kohlen 1,3 t; Leist. 282 PSᵢ (38 km/h).

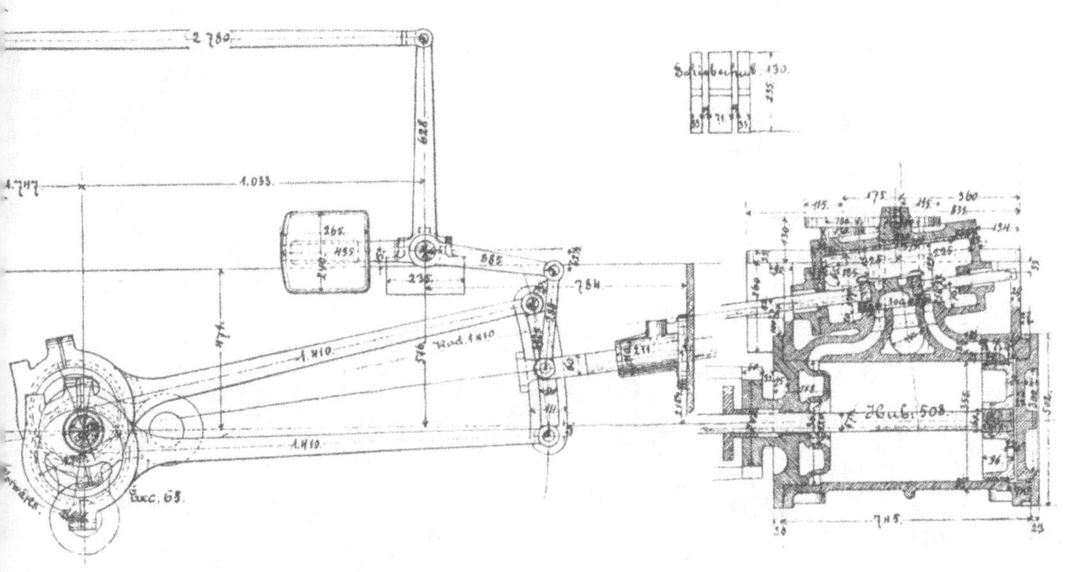

enstg. 28,5 t; Reibungsg. 22 t; Heizfl. 79,04 m²; Rostfl. 1,07 m²;
7 atü; d = 380 mm; h = 560 mm; D = 1380 mm; Radst. 3575 mm;
asser 2,22 m³; Kohlen 1,2 t; Leist. 252 PSᵢ (37 km/h).

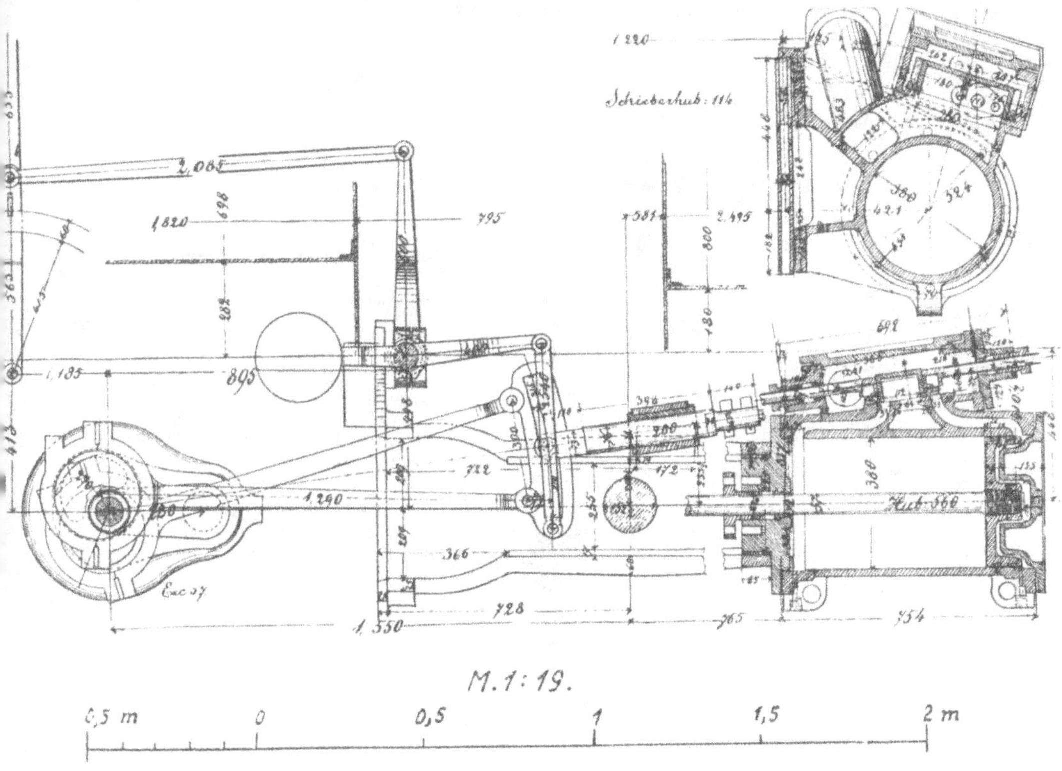

M. 1 : 19.

0,5 m 0 0,5 1 1,5 2 m

C, Preuß. Ostbahn.

Verschiedene Erbauer ab 1867.

Norddeutsche Regelbauart.

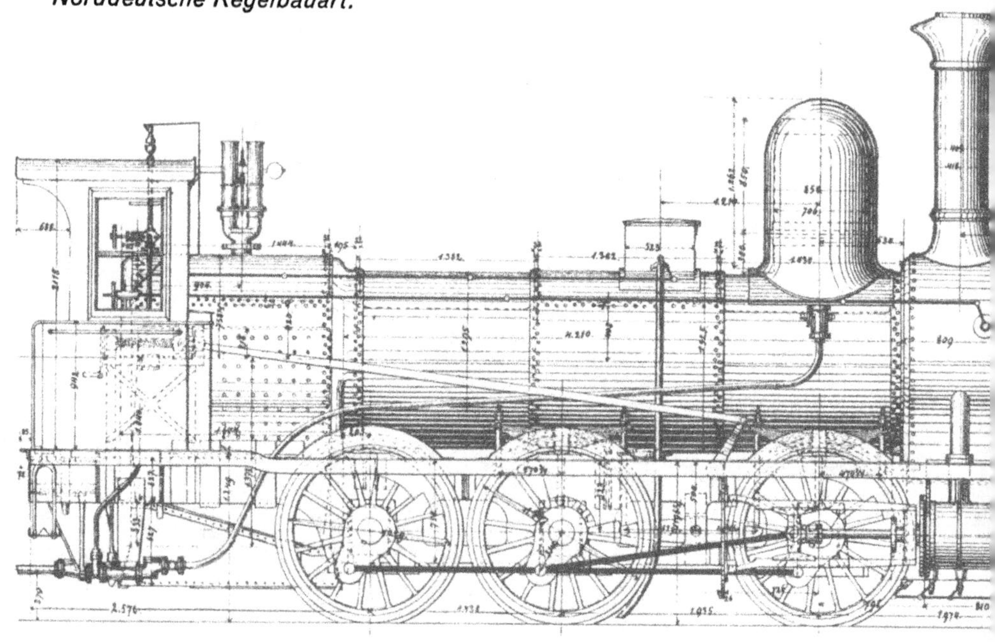

1 B-Tendermaschine, Berg.-Märk. Bahn.

Verschiedene Erbauer ab 1868.

Für stark gekrümmte Anschlußbahnen.

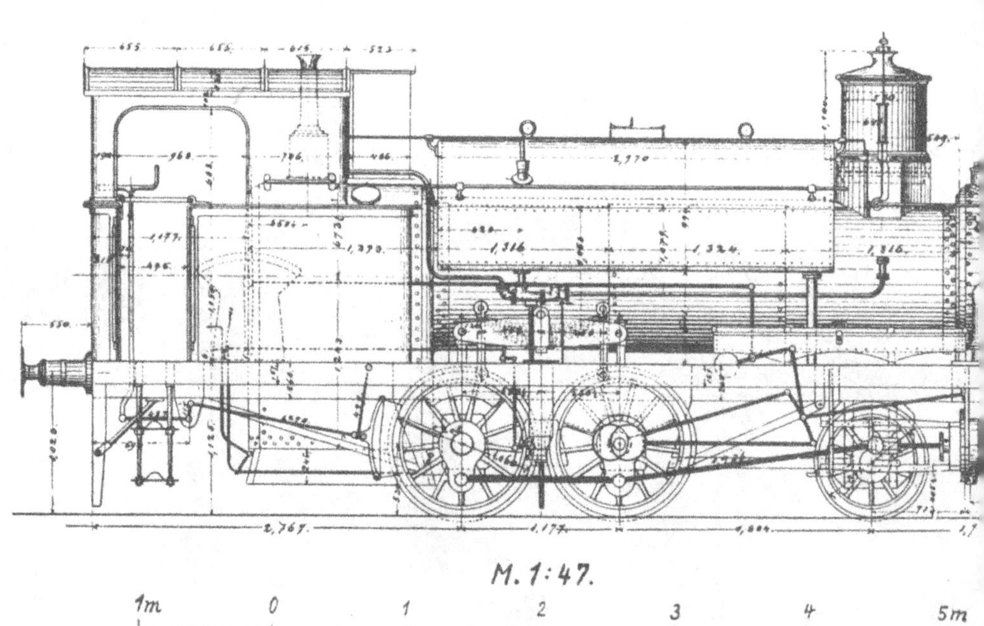

M. 1:47.

nstg. 37,5 t; Reibungsg. 37,5 t; Heizfl. 106,14 m²; Rostfl. 1,48 m²; p = 9,3 atü; 445 mm; h = 628 mm; D = 1347 mm; Radst. 3373 mm; Leist. 400 PS_i (37 km/h).

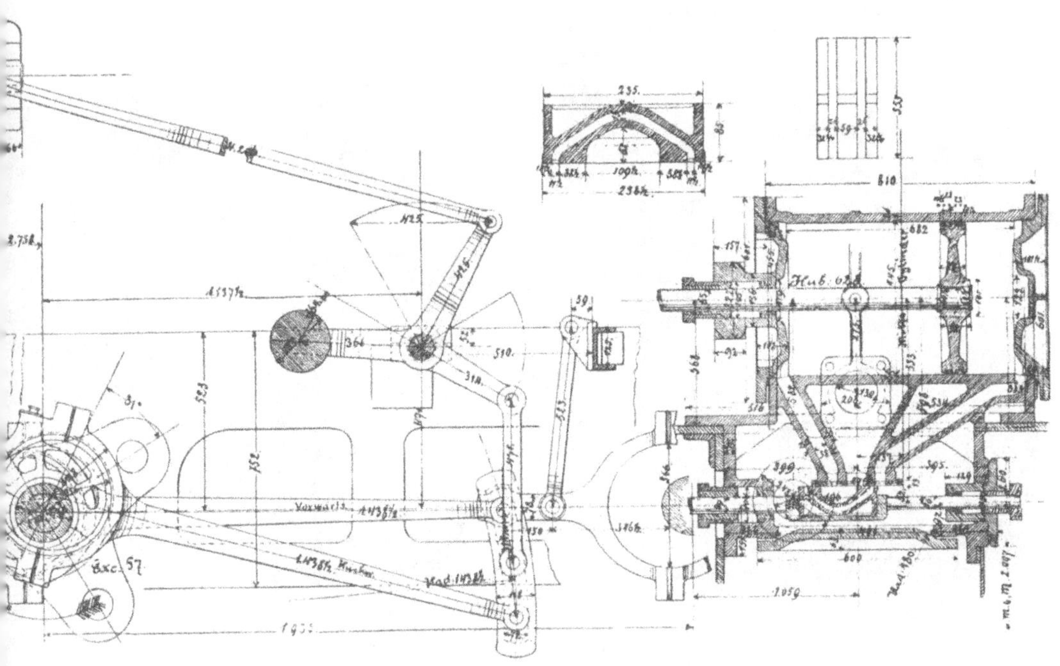

nstg. 35,9 t; Reibungsg. 27,6 t; Heizfl. 72,34 m²; Rostfl. 1,08 m²; p = 8 atü; 379 mm; h = 508 mm; D = 1060 mm; Radst. 3061 mm; Wasser 3,5 m³; Kohlen 1,5 t; st. 270 PS_i (34 km/h).

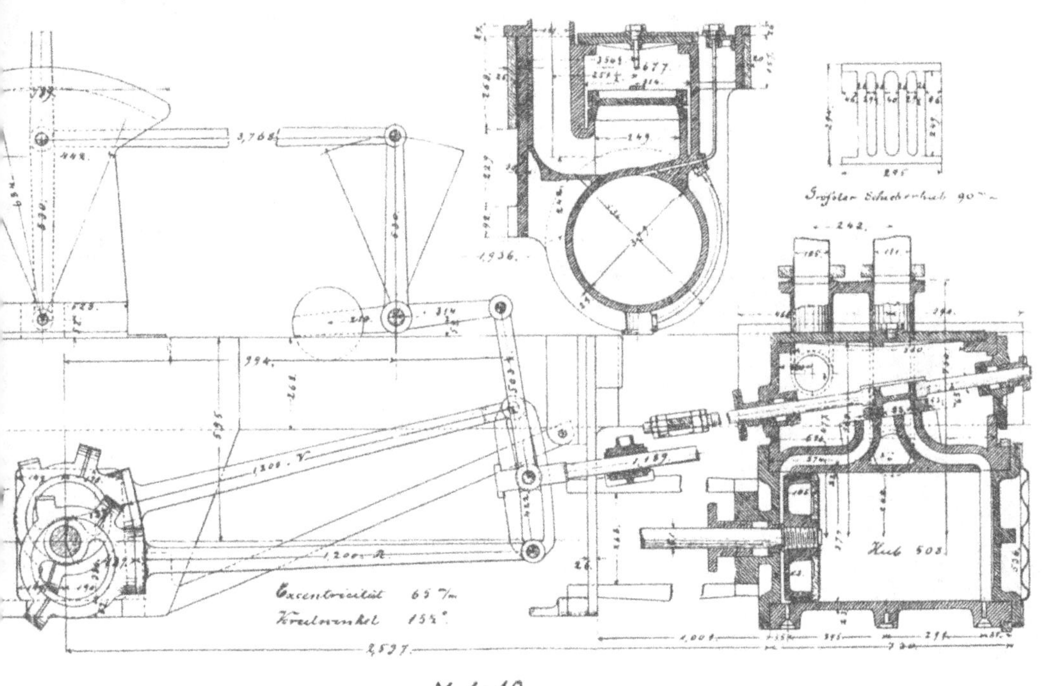

M. 1 : 19.

0,5 m 0 0,5 1 1,5 2 m

1 B, Sächs. Staatsbahn.

Erb. Hartmann 1860-1870.

Durchhängende Büchse.

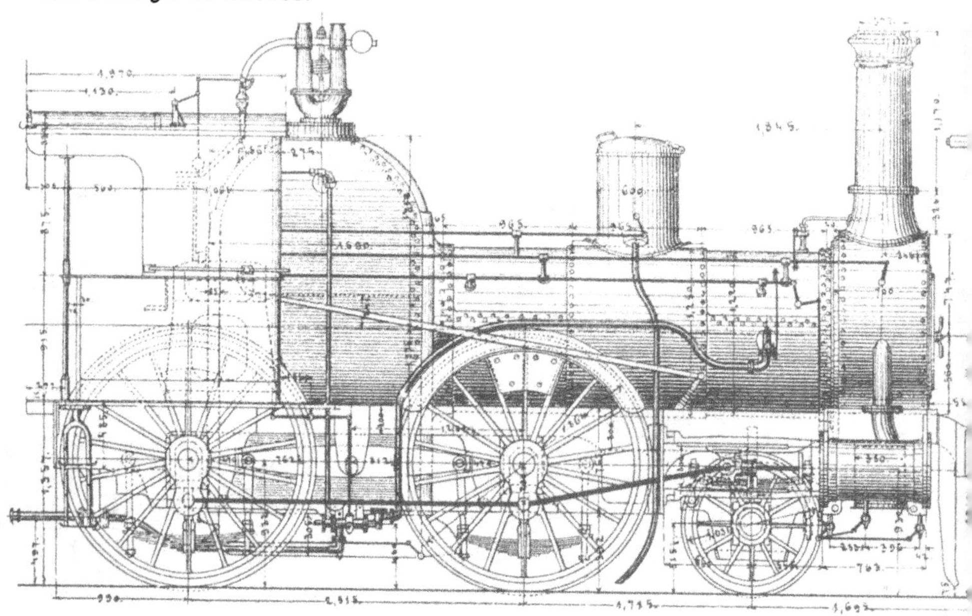

1 B, Niederschl.-Märk. Bahn.

Verschiedene Erbauer 1874.

Bauart Hall.

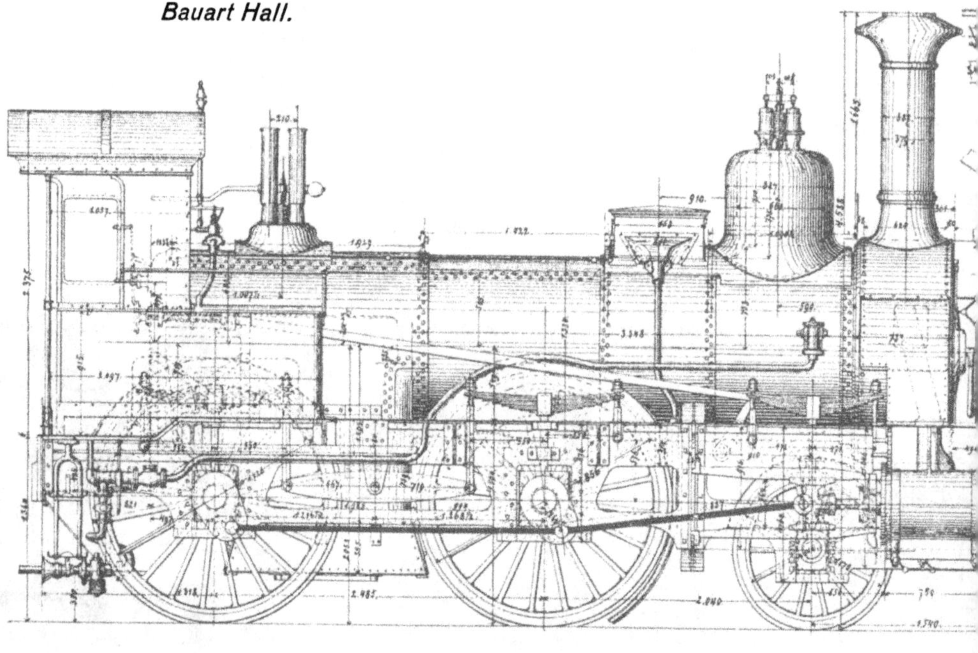

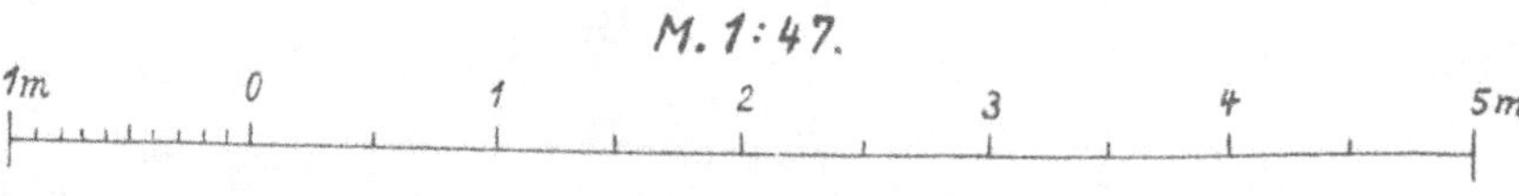

…nstg. 35,4 t; Reibungsg. 24 t; Heizfl. 85,12 m²; Rostfl. 1,35 m²; p = 8 atü;
… 407 mm; h = 560 mm; D = 1864 mm; Radst. 4230 mm; Leist. 315 PS_i (54 km/h).

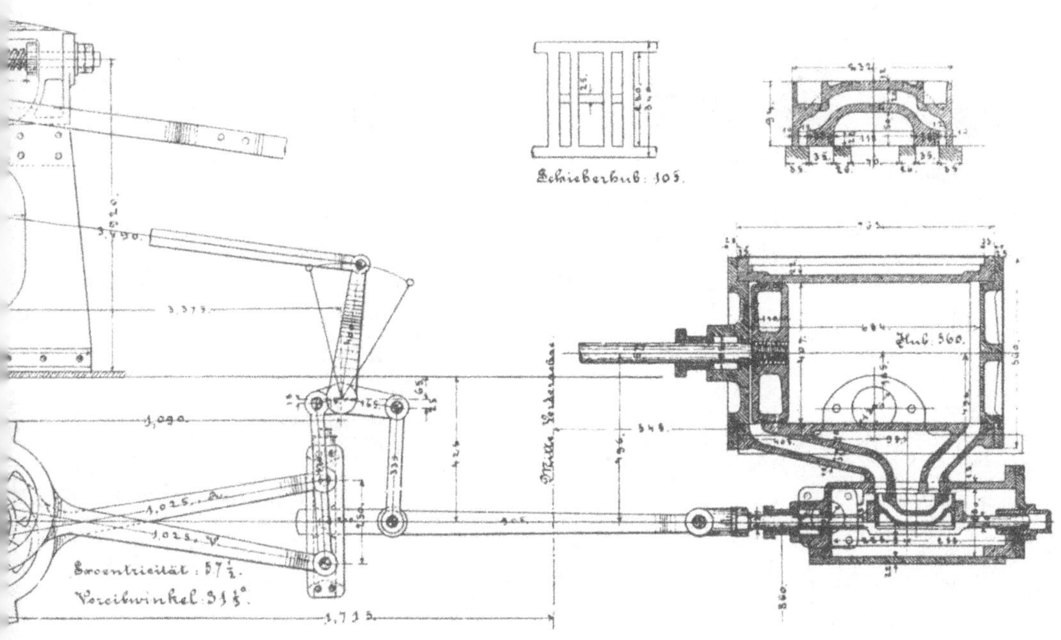

…enstg. 40 t; Reibungsg. 26,2 t; Heizfl. 107,19 m²; Rostfl. 1,75 m²; p = 10 atü;
… 445 mm; h = 524 mm; D = 1856 mm; Radst. 4525 mm; Leist. 465 PS_i (70 km/h).

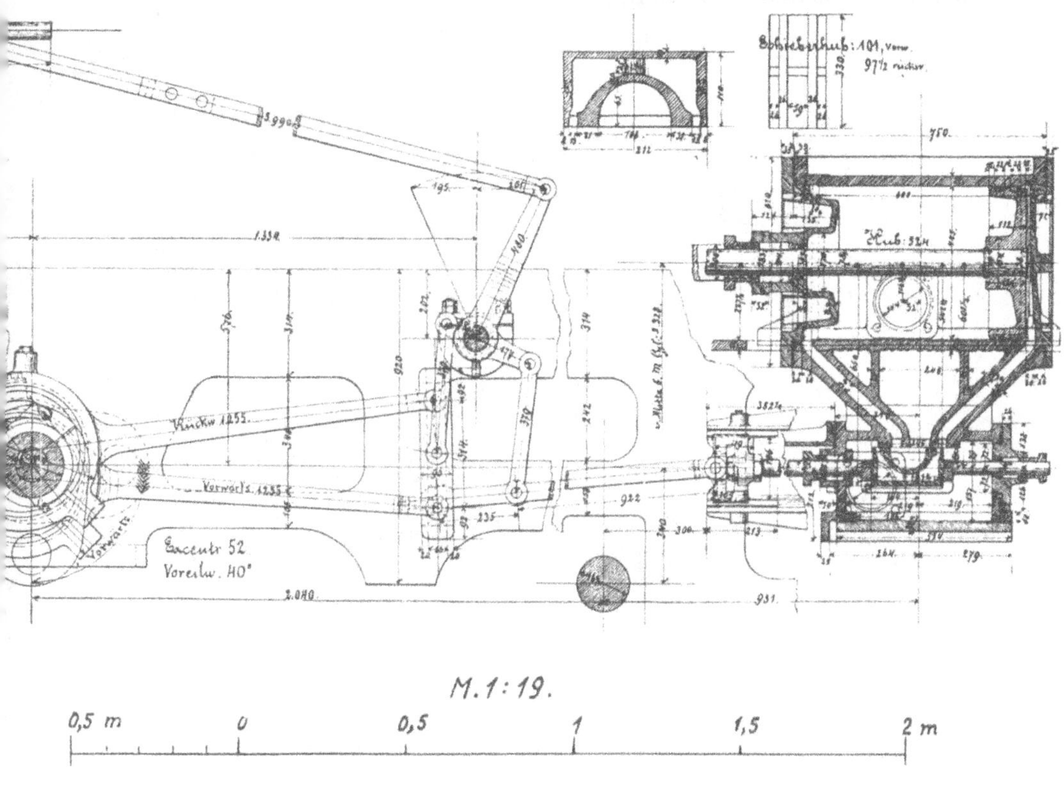

M. 1 : 19.

0,5 m 0 0,5 1 1,5 2 m

1 B, Köln-Mindener Bahn.

Verschiedene Erbauer 1871.

Längster, bei festen Achsen vorkommender Radstand.

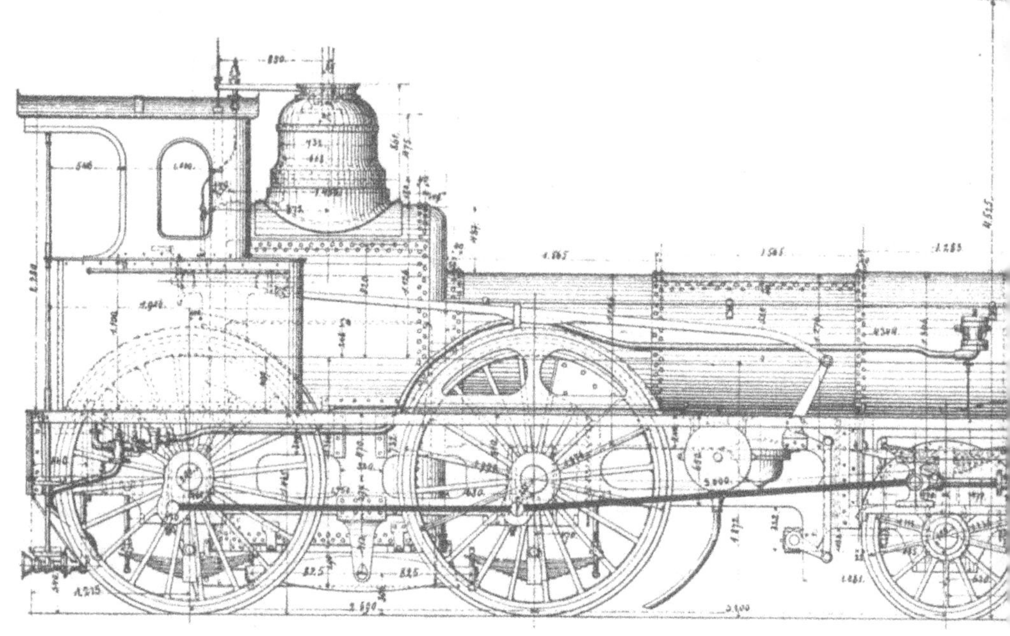

C, Sächs. Staatsbahn.

Erb. Hartmann 1874.

Form kurz vor Übergang zur Verbundwirkung

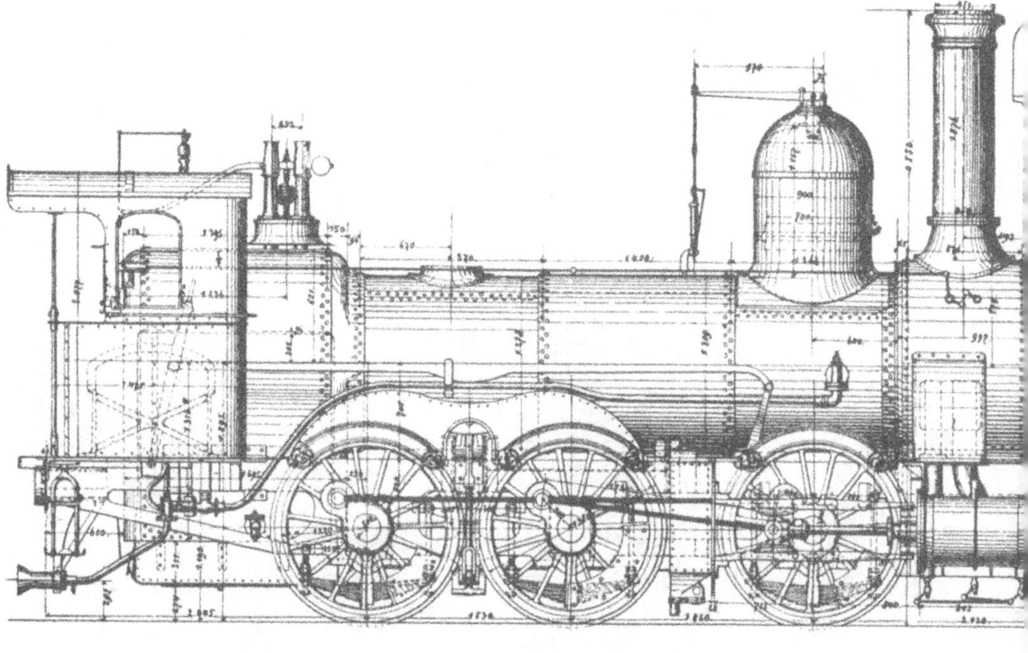

M. 1:47.

1m 0 1 2 3 4 5m

nstg. 43,1 t; Reibungsg. 28,5 t; Heizfl. 124,55 m²; Rostfl. 1,55 m²; p = 10 atü; 420 mm; h = 510 mm; D = 1985 mm; Radst. 5690 mm; Leist. 434 PS (81 km/h).

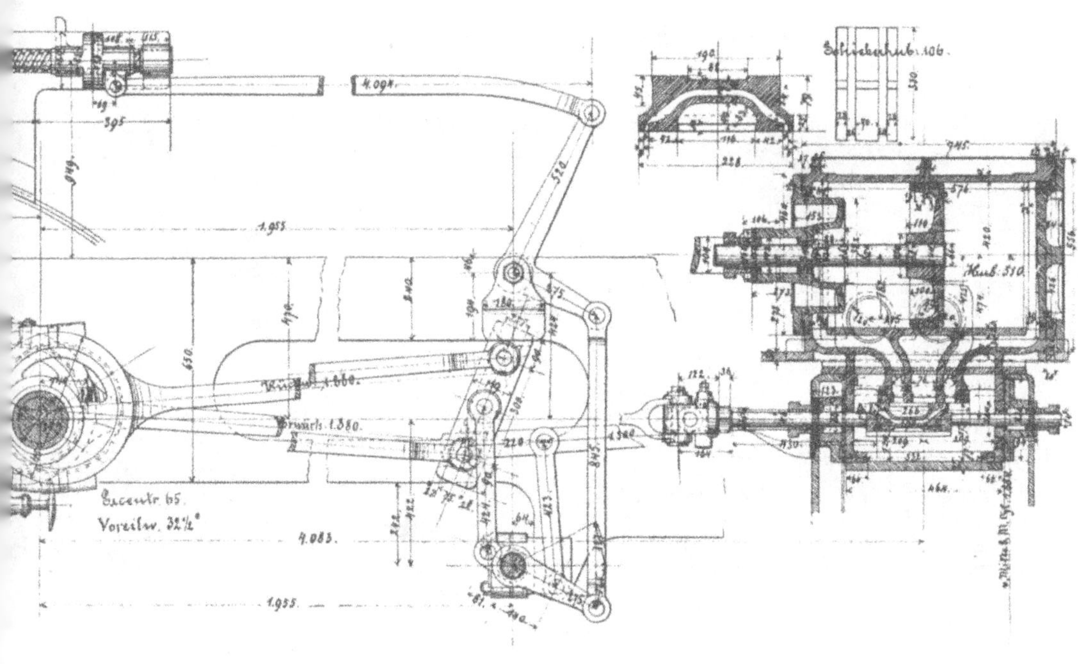

nstg. 38,25 t; Reibungsg. 38,25 t; Heizfl. 112,62 m²; Rostfl. 1,495 m²; p = 10 atü; 455 mm; h = 610 mm; D = 1380 mm; Radst. 3350 mm; Leist. 415 PS (38 km/h).

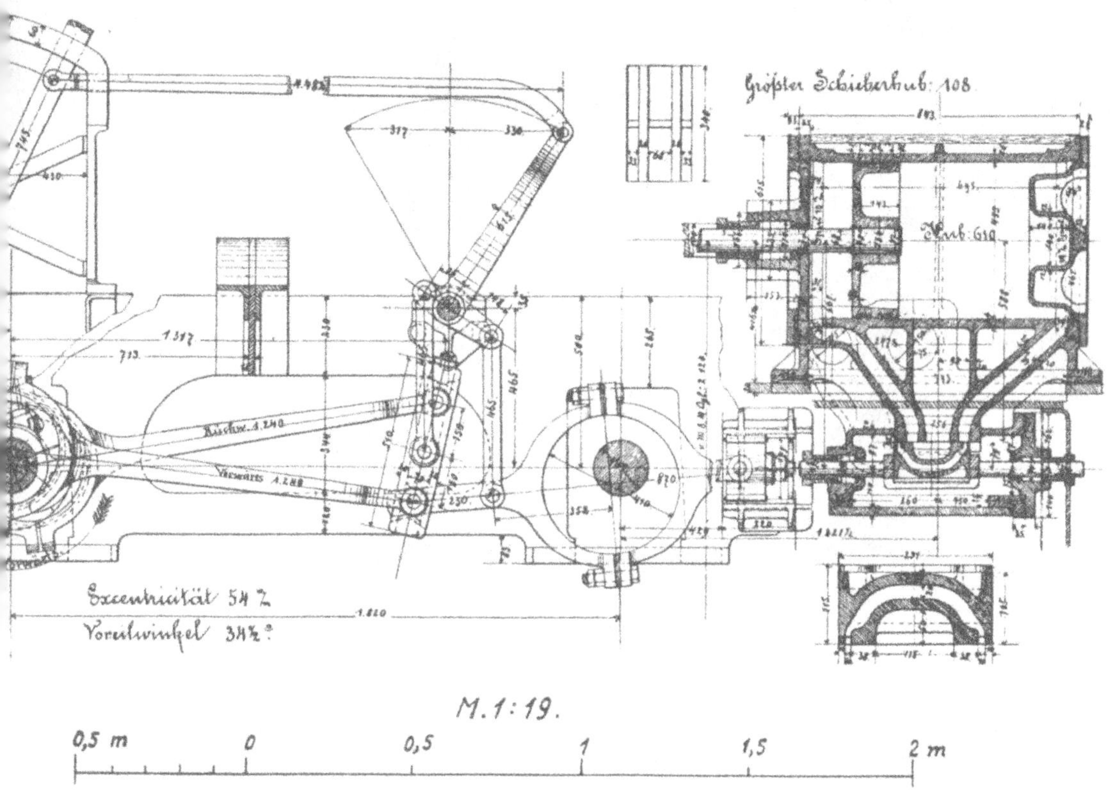

M. 1 : 19.

0,5 m 0 0,5 1 1,5 2 m

B, Sächs. Staatsbahn.

Erb. Hartmann 1874.

Bauart Krauß.

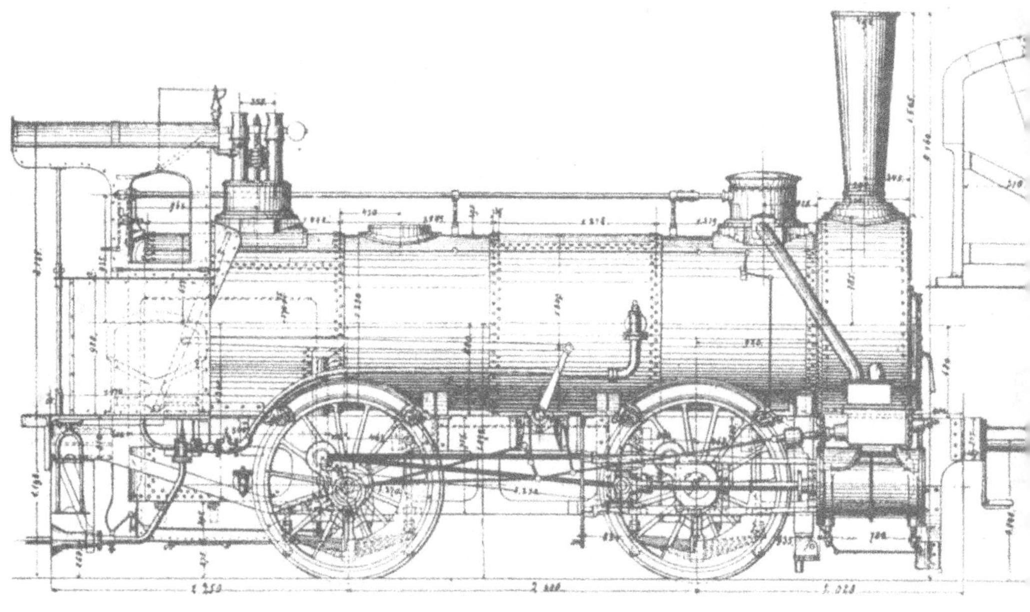

1 B, Kursk-Charkow-Bahn.

Erb. Hartmann 1869.

Tiefe Büchse für Holzfeuerung.

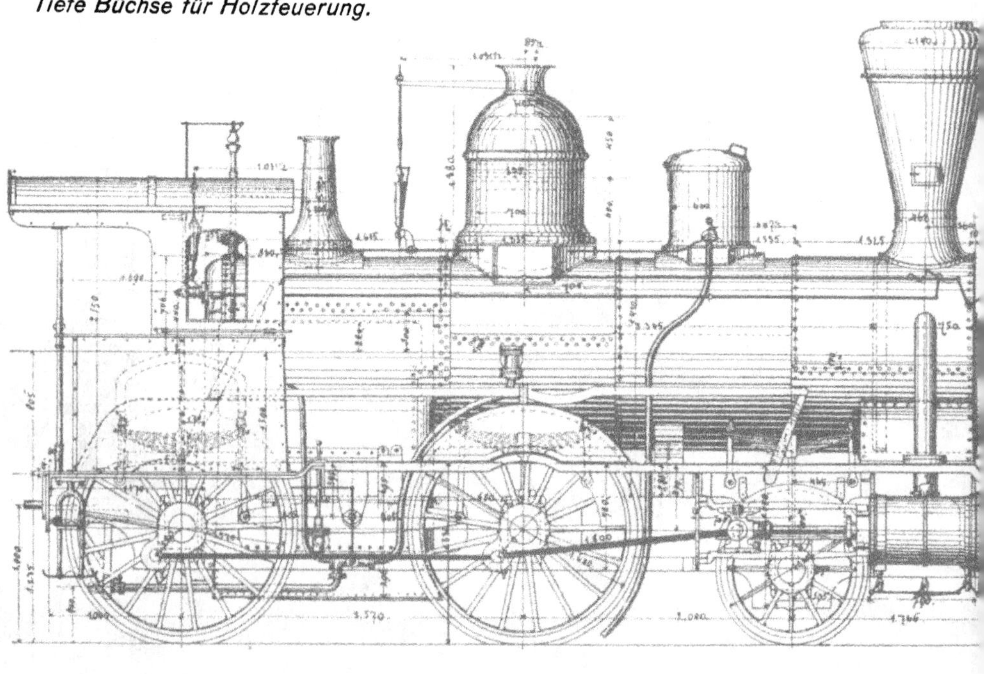

M. 1:47.

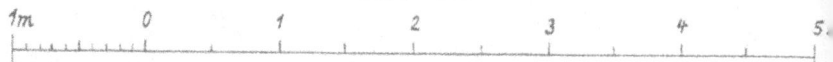

1m 0 1 2 3 4 5

Tafel 23

enstg. 28 t; Reibungsg. 28 t; Heizfl. 93,27 m²; Rostfl. 1,38 m²; p = 9 atü;
415 mm; h = 560 mm; D = 1380 mm; Radst. 2600 mm; Leist. 358 PSᵢ (43 km/h).

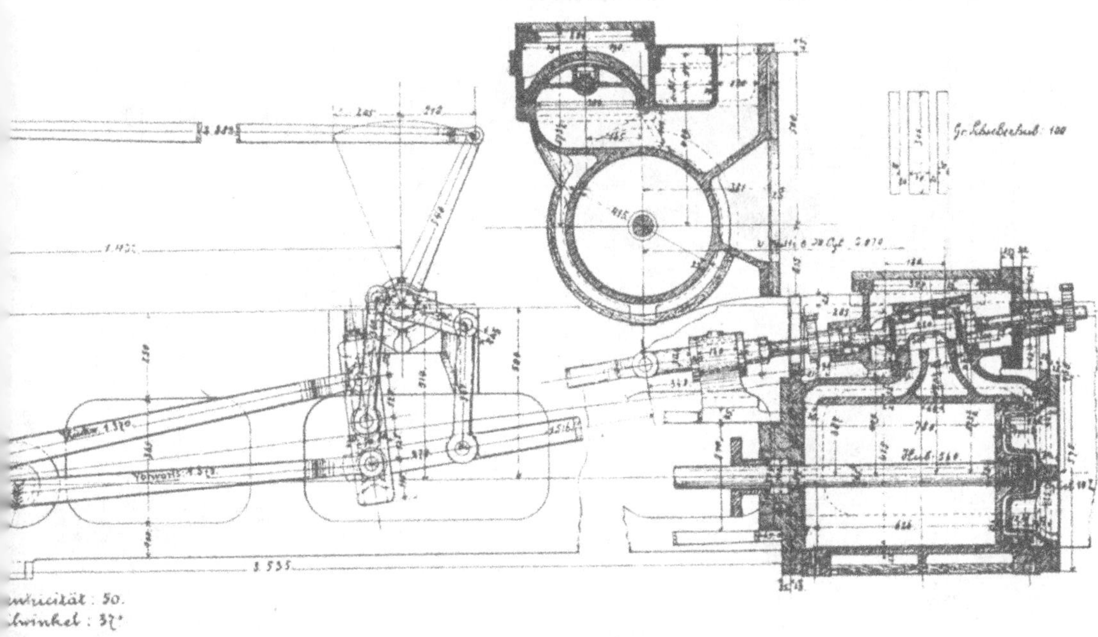

enstg. 36,6 t; Reibungsg. 24 t; Heizfl. 102,3 m²; Rostfl. 1,5 m²; p = 8 atü;
440 mm; h = 560 mm; D = 1680 mm; Radst. 4570 mm; Leist. 365 PSᵢ (48 km/h).

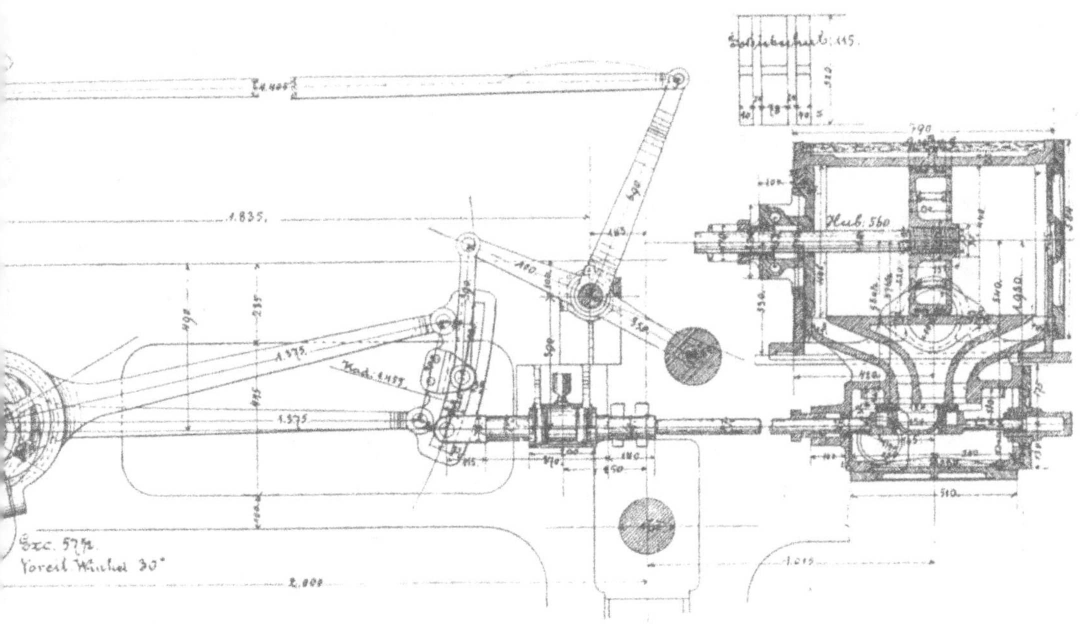

M. 1 : 19.

0,5 m 0 0,5 1 1,5 2 m

B 1, Berlin-Hamburger Bahn.

Erb. Schwartzkopff 1869.

Scherentendermaschine mit Adamsachse.

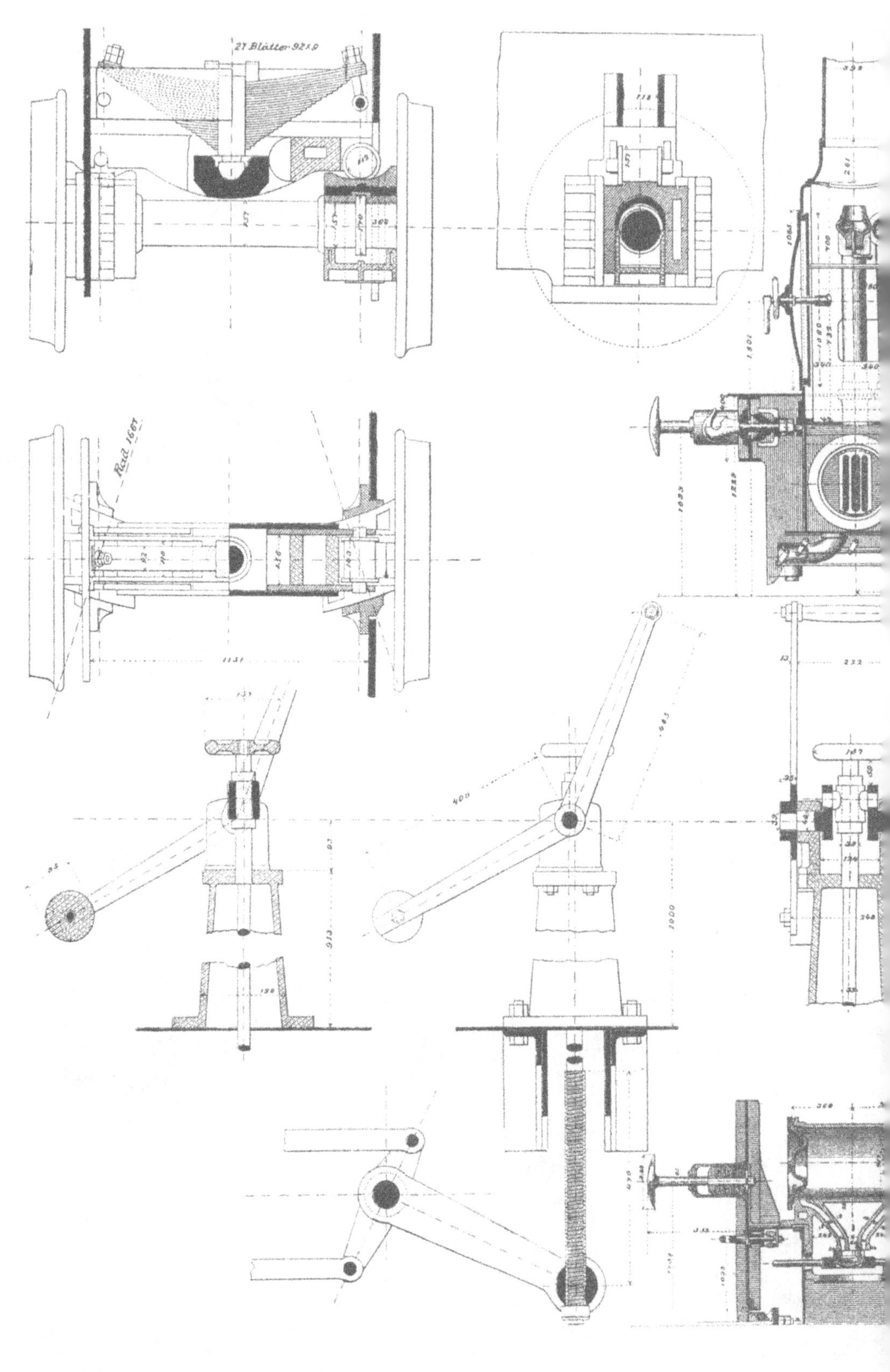

ungsg. 26 t; Heizfl. 82,5 m²; Rostfl. 1,23 m²; p = 9 atü; d = 419 mm; h = 585 mm; st. 4027 mm; Wasser 3,7 m³; Kohlen 1,15 t; Leist. 300 PSi (34 km/h).

Tafel 24

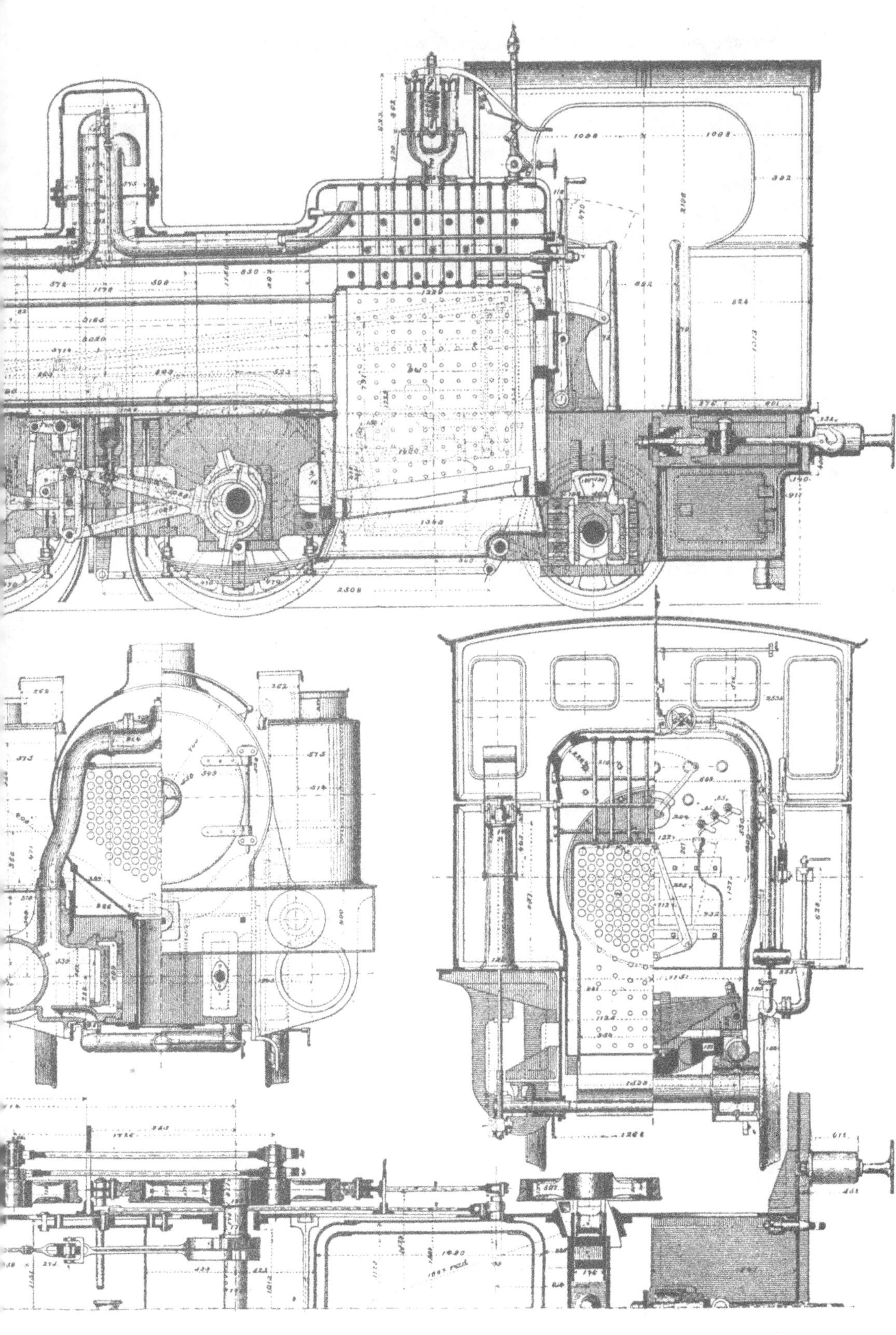

3 4 5m.

2 B, Württemb. Staatsbahn.

Erb. Kessler 1847.

Deutsche Anpassung der Norris-Bauart, waagrechte Zylinder.

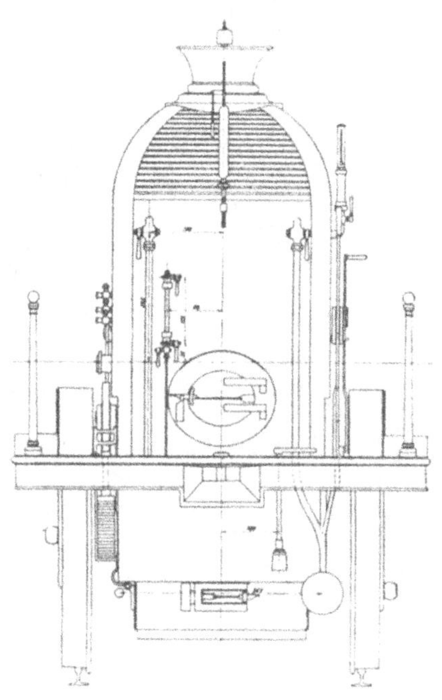

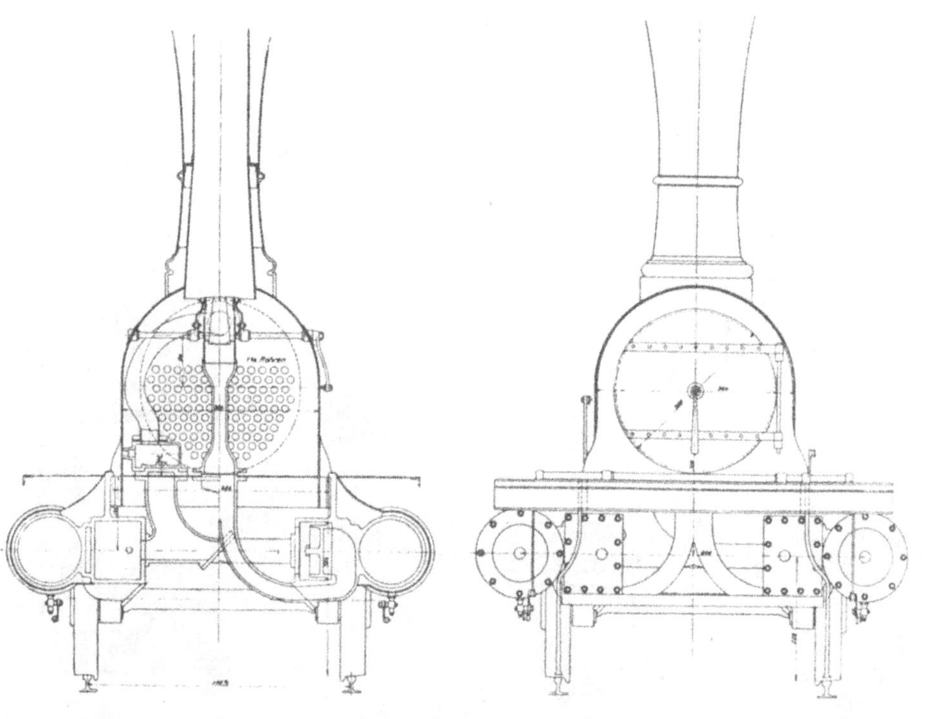

Tafel 25

stg. 22 t; Reibungsg. 11 t; Heizfl. 59,1 m²;
fl. 0,81 m²; p = 6,3 atü; d = 354 mm; h = 561 mm;
370 mm; Radst. 4455 mm; Leist. 181 PS_i (30 km/h).

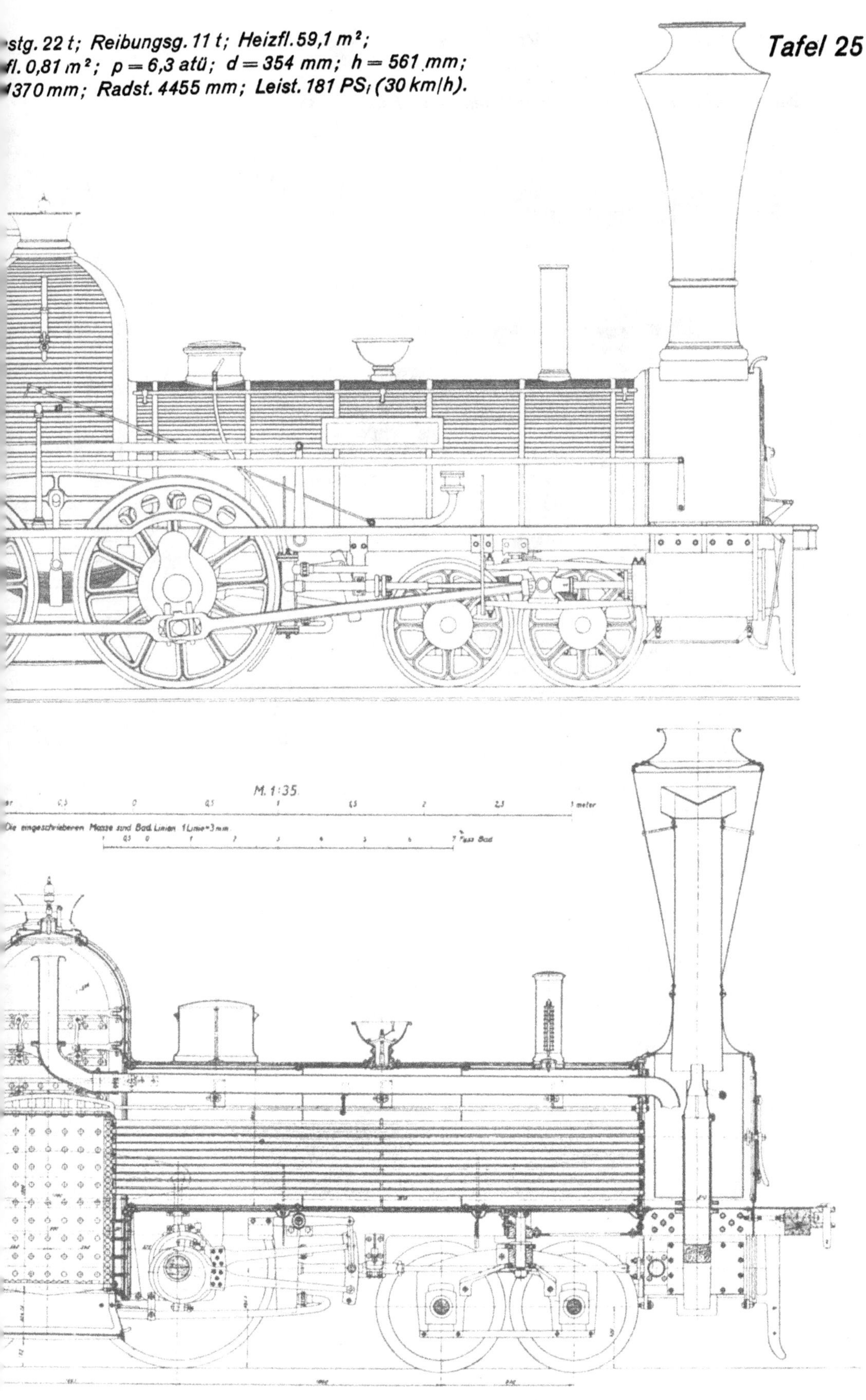

2B, Österr. Nordwest-Bahn.

Erb. Sigl 1873.

Bauart Hall, Drehgestell, durchhängende Büchse.

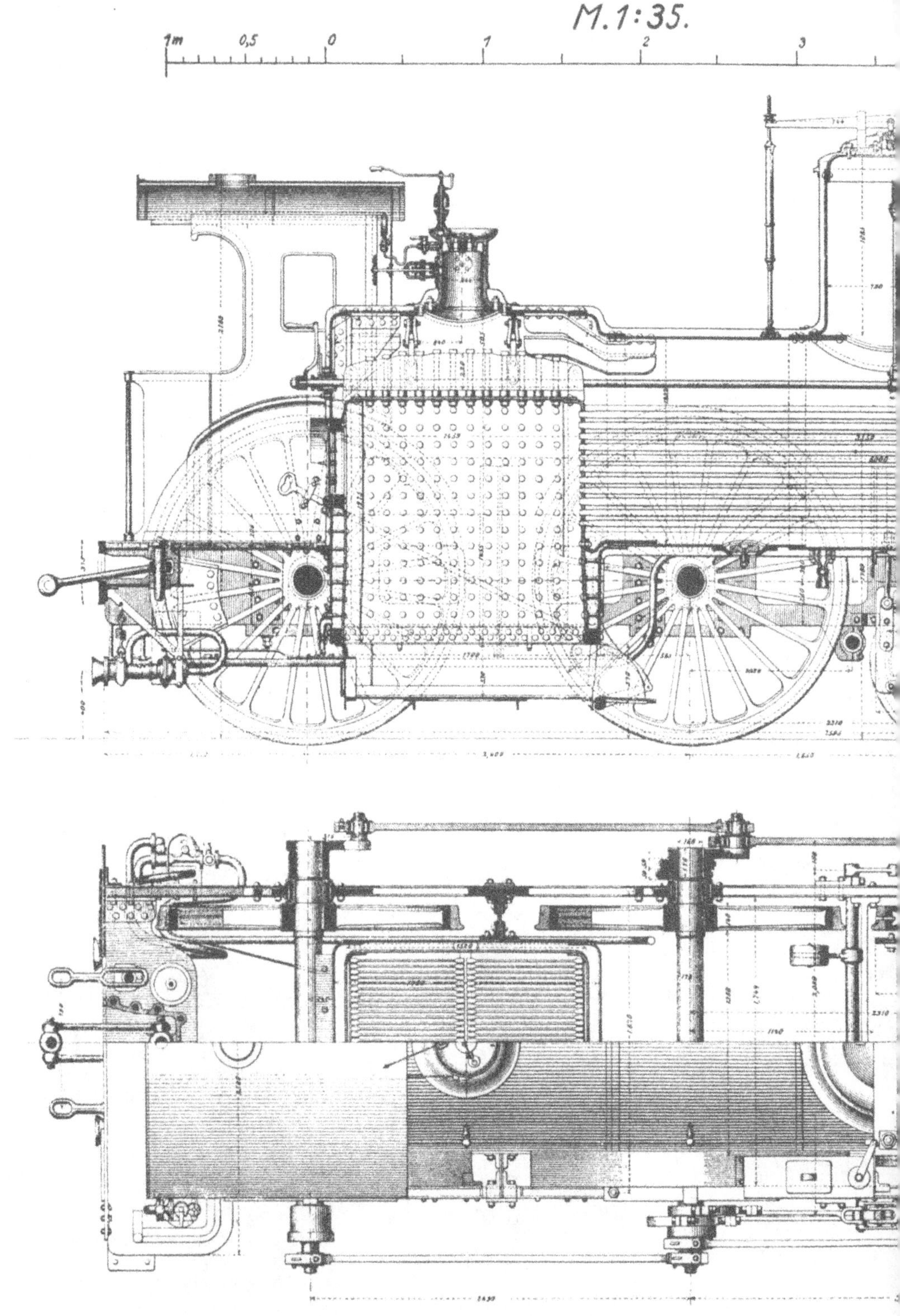

nstg. 38,25 t; Reibungsg. 23,35 t; Heizfl. 107,6 m²; Rostfl. 1,64 m²; p = 10 atü; 411 mm; h = 632 mm; D = 1900 mm; Radst. 5370 mm; Leist. 438 PS_i (67 km/h).

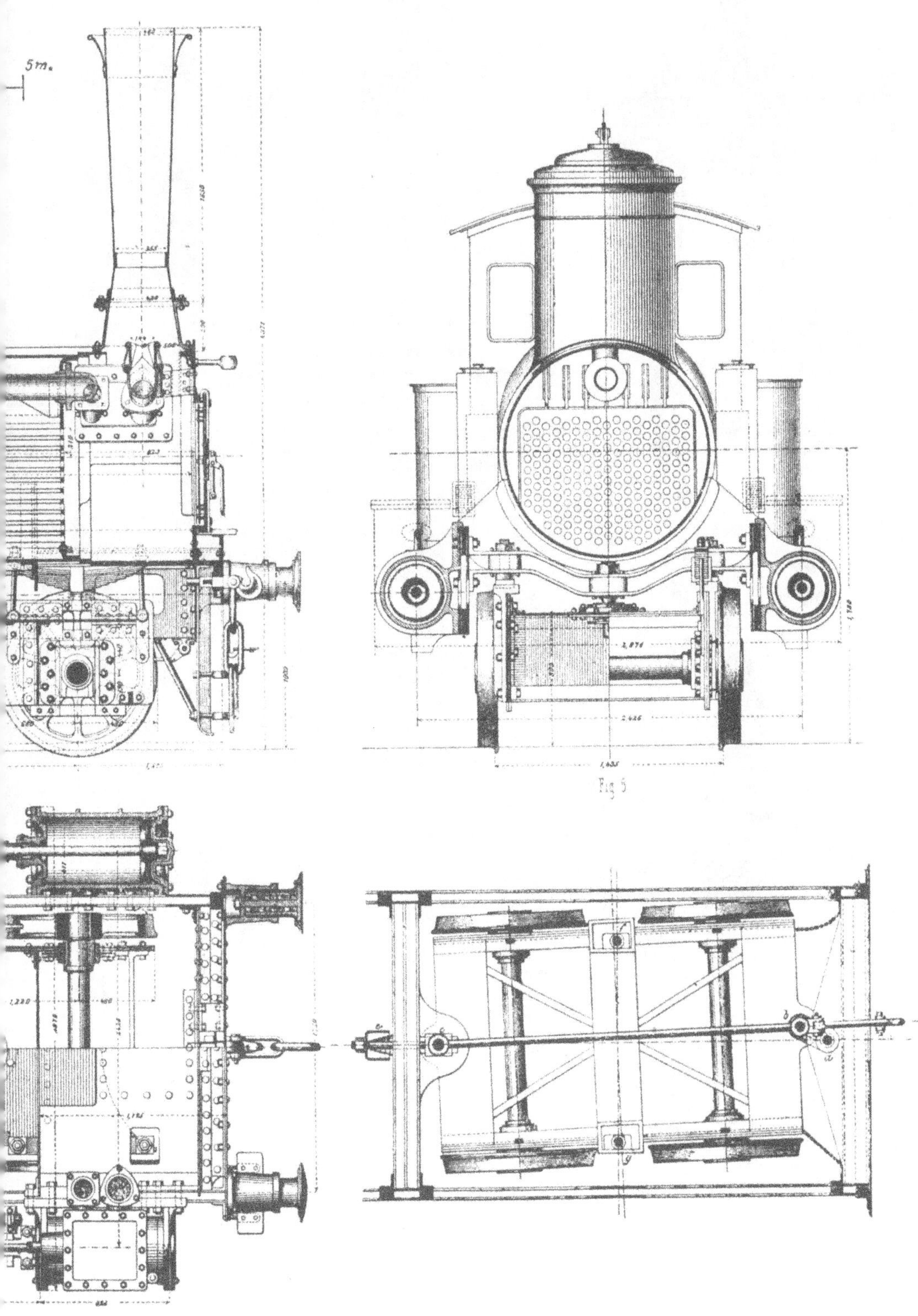

1 B, Hannov. Staatsbahn.

Verschiedene Erbauer ab 1869.

Unterstützte Büchse.

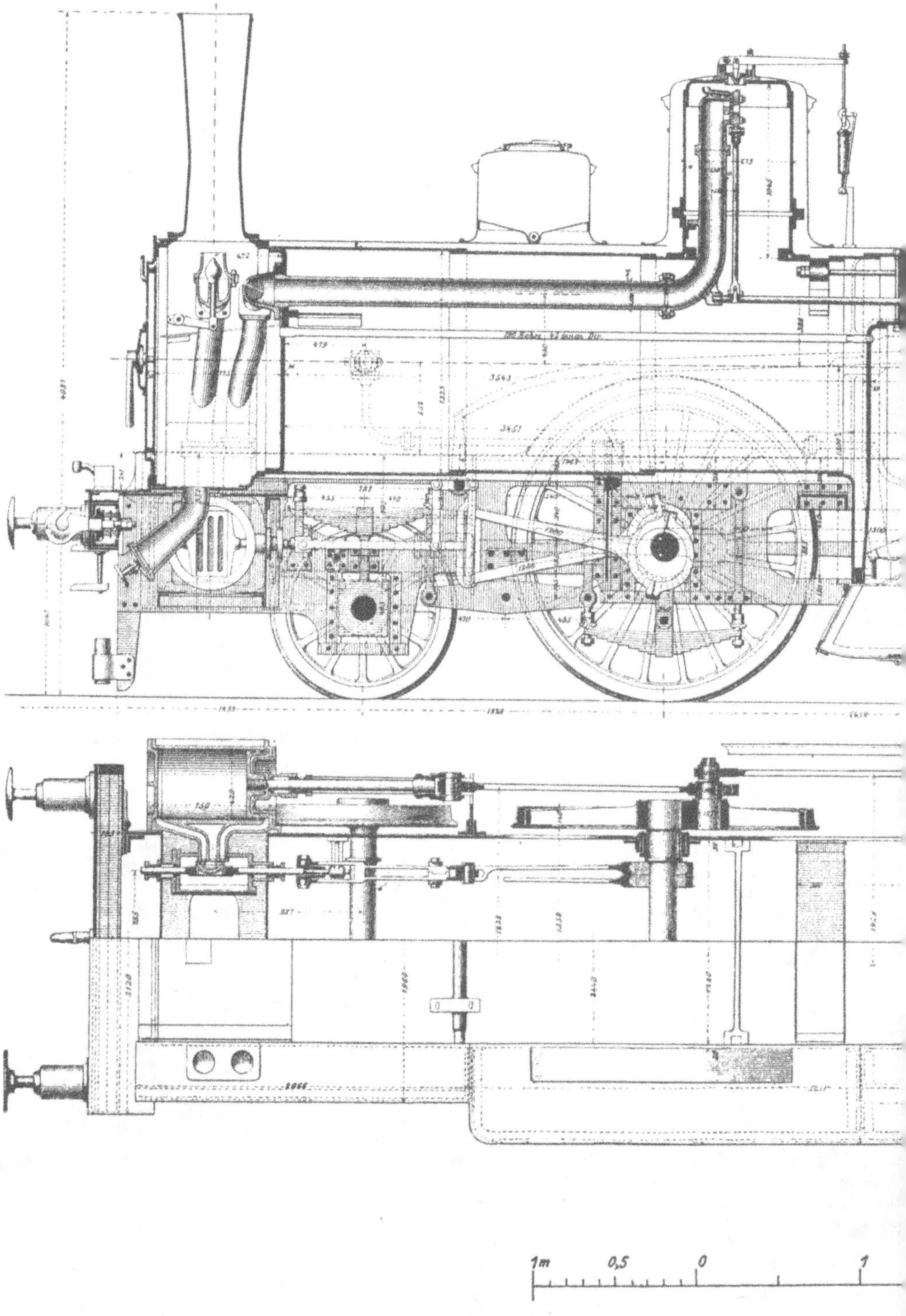

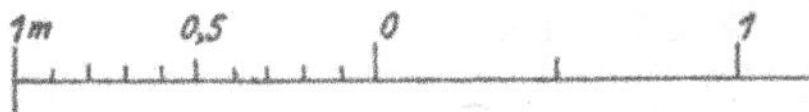

…nstg. 35 t; Reibungsg. 23 t; Heizfl. 93,8 m²; Rostfl. 1,72 m²; p = 10 atü;
…419 mm; h = 559 mm; D = 1848 mm; Radst. 4267 mm; Leist. 458 PSi (73 km/h).

Tafel 27

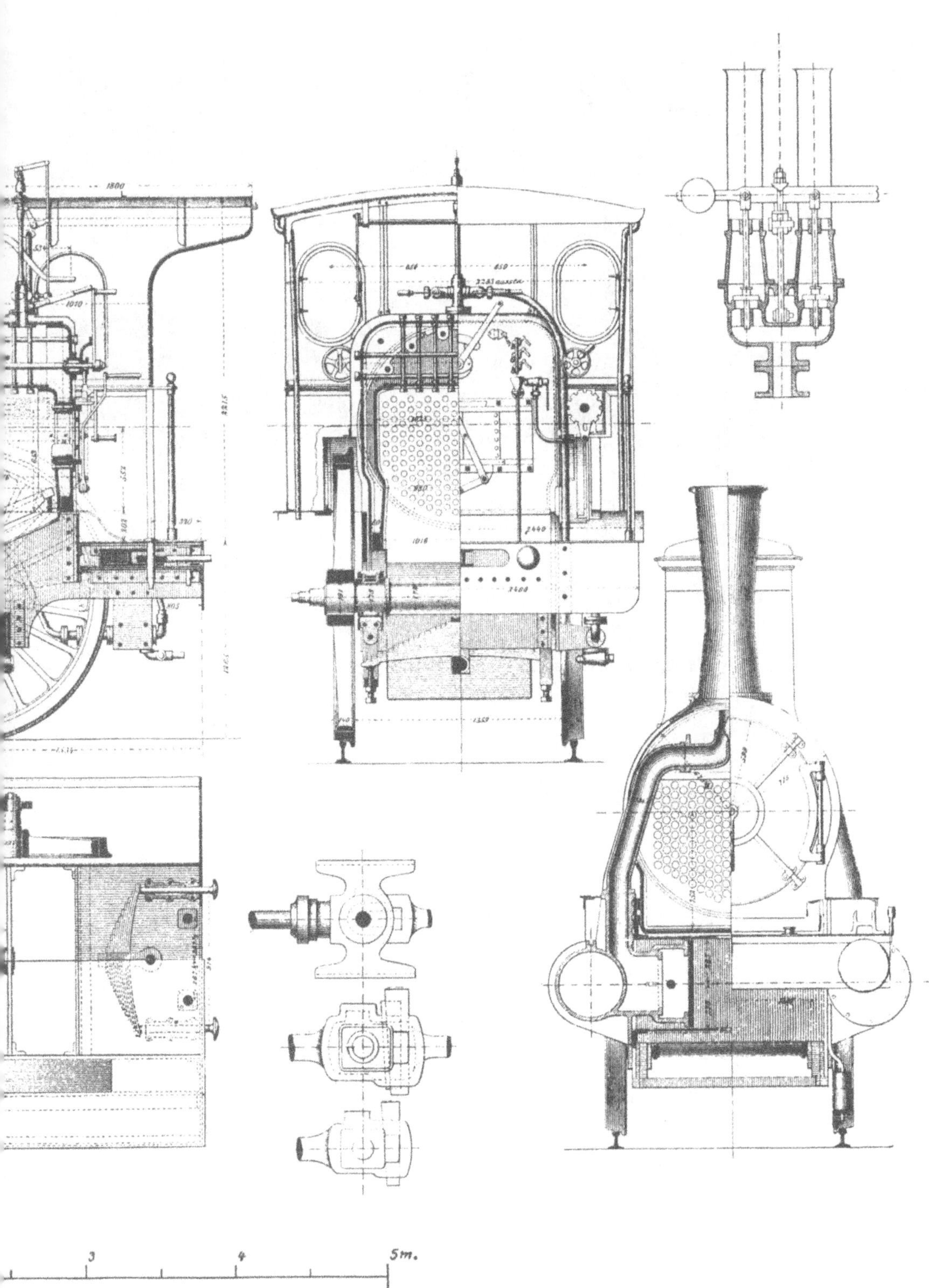

3 4 5m.

1 B, Mecklenb. Bahn.

Erb. Hartmann 1864.

Mit unterstützter Büchse ab 1872.

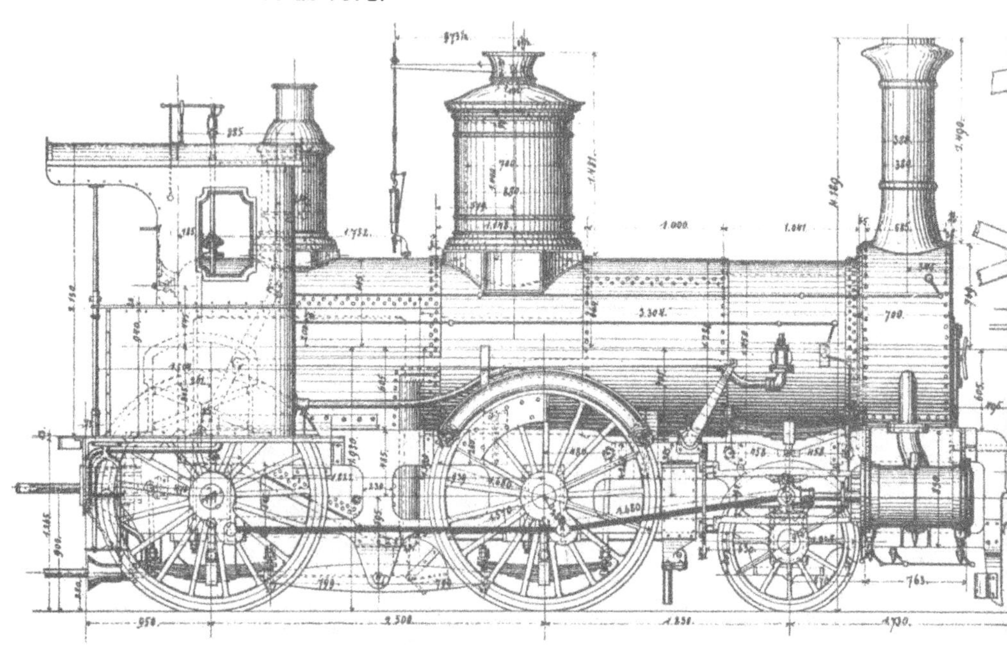

B „Landwührden", Oldenburg. Staatsbahn.

Erb. Krauß 1867.

Bauart mit Wasserkasten im Rahmen.

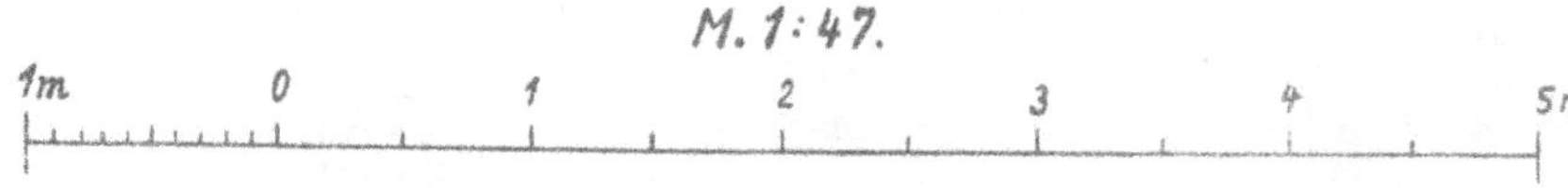

nstg. 32,9 t; Reibungsg. 22,1 t; Heizfl. 87,05 m²; Rostfl. 1,5 m²; p = 8.5 atü;
407 mm; h = 560 mm; D = 1680 mm; Radst. 4330 mm; Leist. 375 PS_i (58 km/h).

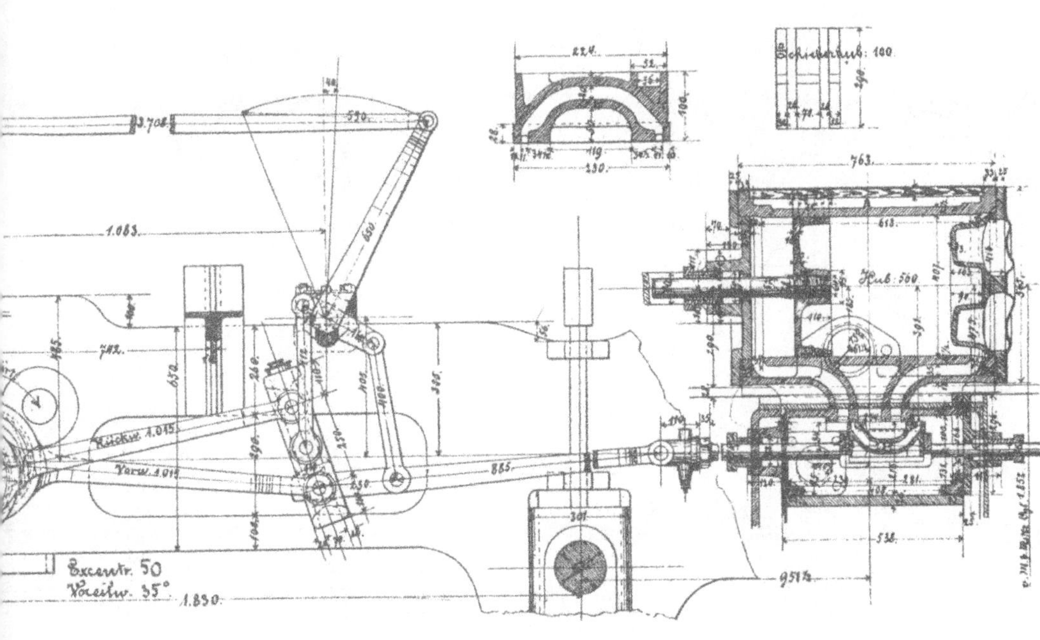

nstg. 21,25 t; Reibungsg. 21,25 t; Heizfl. 74,78 m²; Rostfl. 0,95 m²; p = 10 atü;
355 mm; h = 560 mm; D = 1500 mm; Radst. 2450 mm; Leist. 252 PS_i (46 km/h).

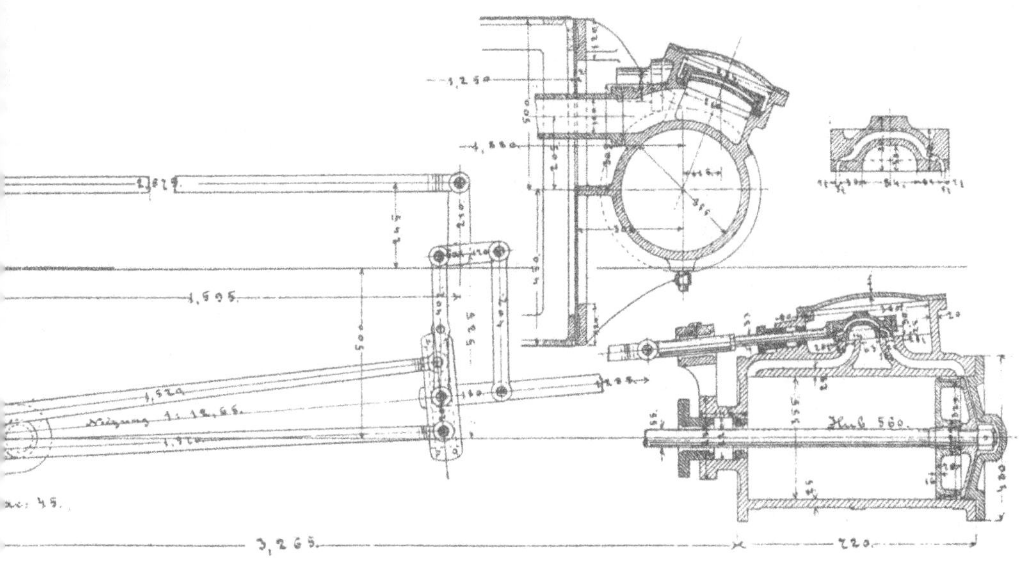

M. 1 : 19.

1 B, Thüringer Bahn.

Erb. Henschel 1870/72.

Gemischte Achslagerung.

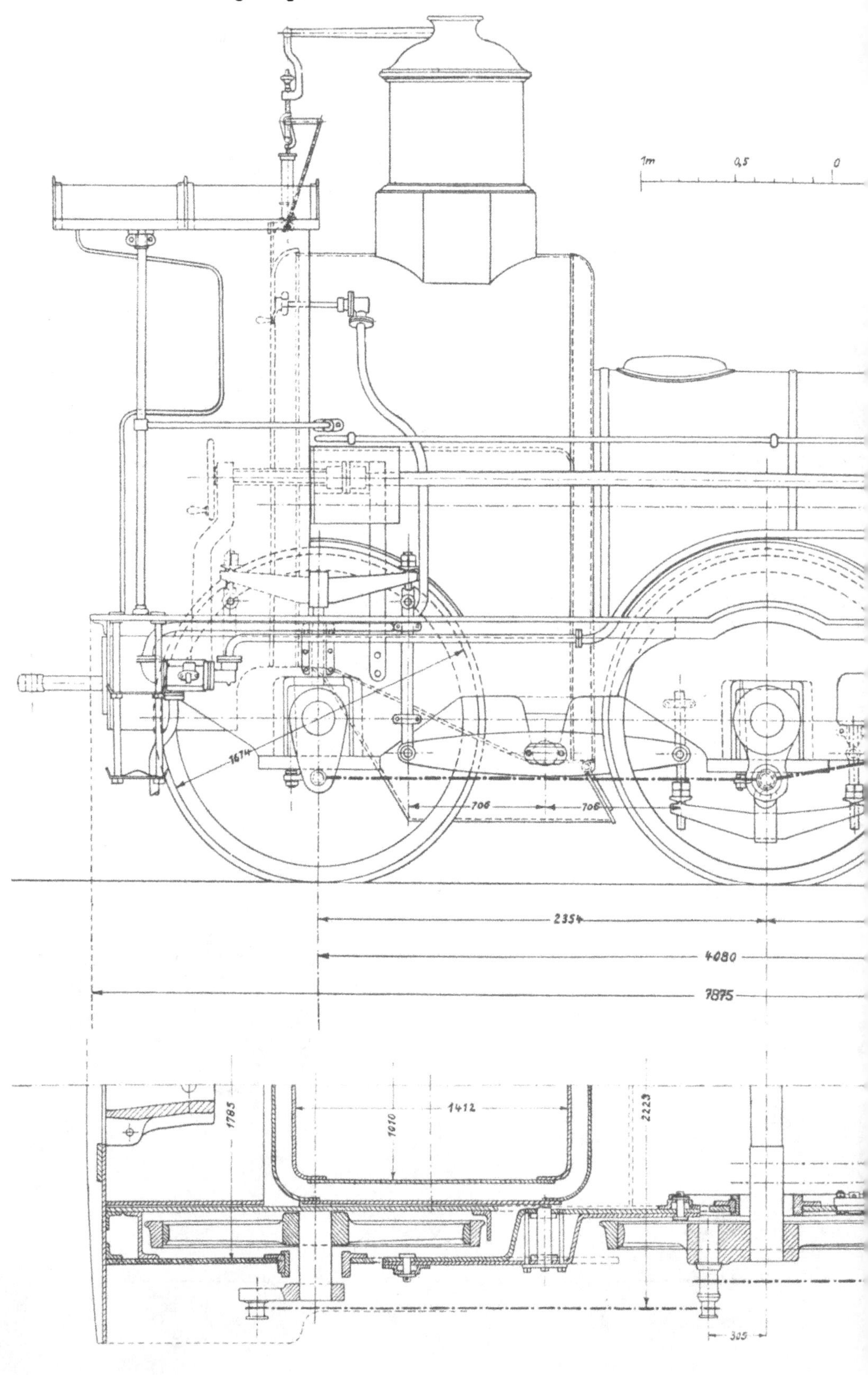

ınstg. 35 t; Reibungsg. 22,4 t; Heizfl. 87,41 m²; Rostfl. 1,48 m²; p = 8,2 atü;
419 mm; h = 610 mm; D = 1674 mm; Radst. 4080 mm; Leist. 348 PS_i (46 km/h).

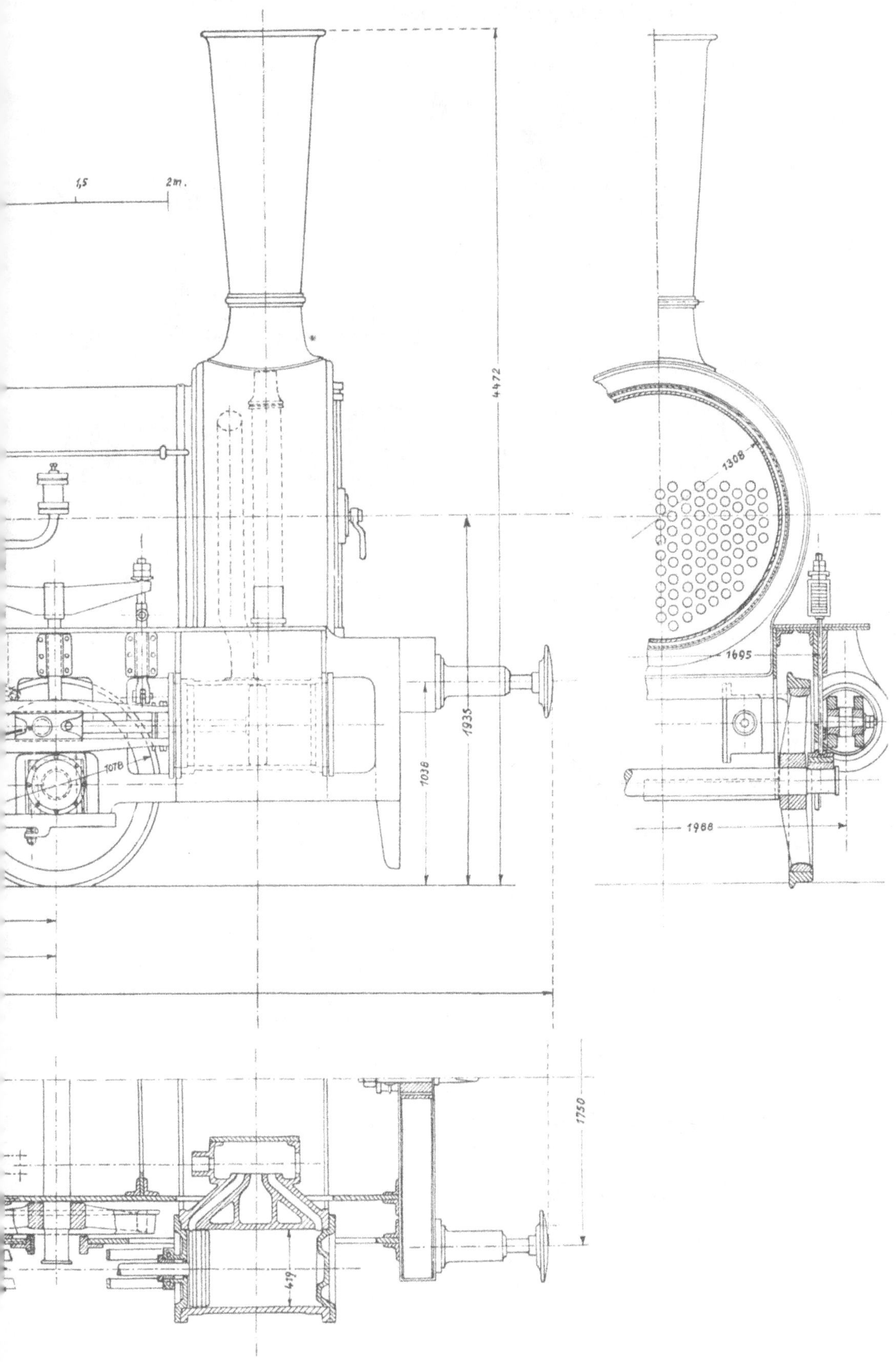

C, Württemb. Staatsbahn.

Erb. Maschfabr. Eßlingen 1849.

Schräge Zylinder, Steuerung mit Umkehrhebel.

Dienstg. 33,5 t; Reibungsg. 33,5
Heizfl. 85,9 m²; Rostfl. 1,01 m²;
d = 447 mm; h = 612 mm; D =
Radst. 3210 mm; Leist. 240 PSᵢ (

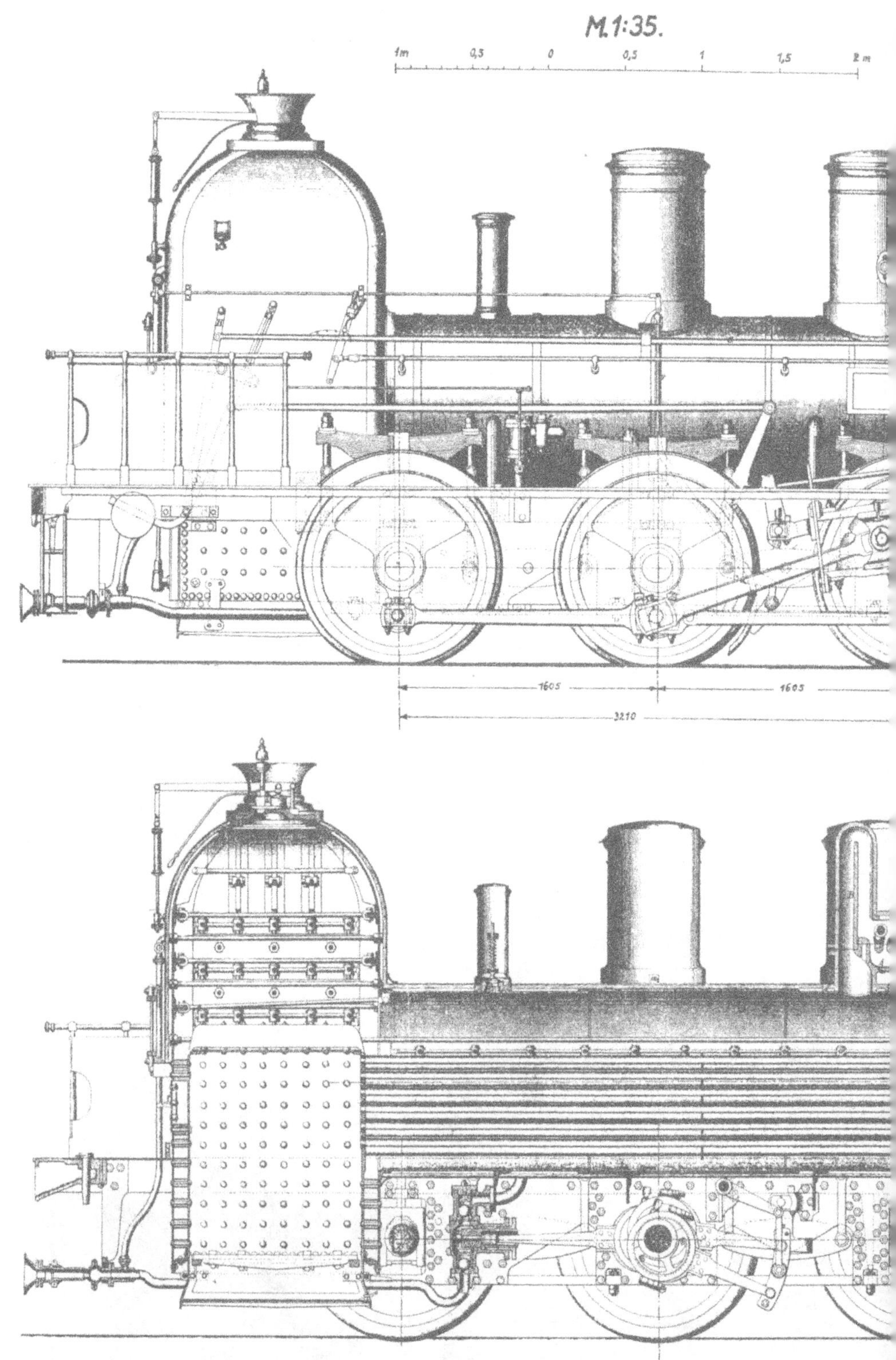

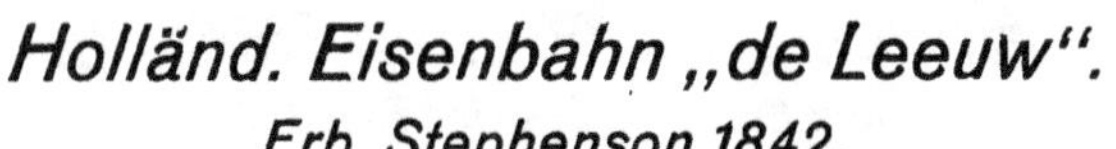

Holländ. Eisenbahn „de Leeuw“.

Tafel 30

Erb. Stephenson 1842.

Dienstg. 12,5 t; Reibungsg. 5 t;
Heizfl. 52,6 m²; Rostfl. 1,10 m²;
p=3,5 atü; d=355 mm; h=457 mm;
D=1830 mm; Radst. 3550 mm;
Leist. 110 PS$_i$ (30 km/h).

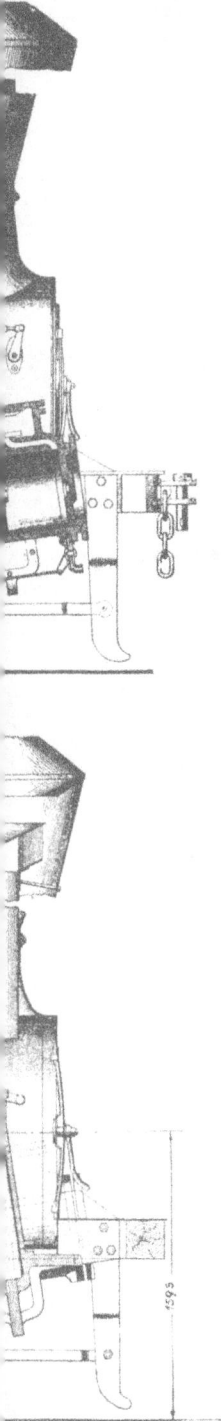

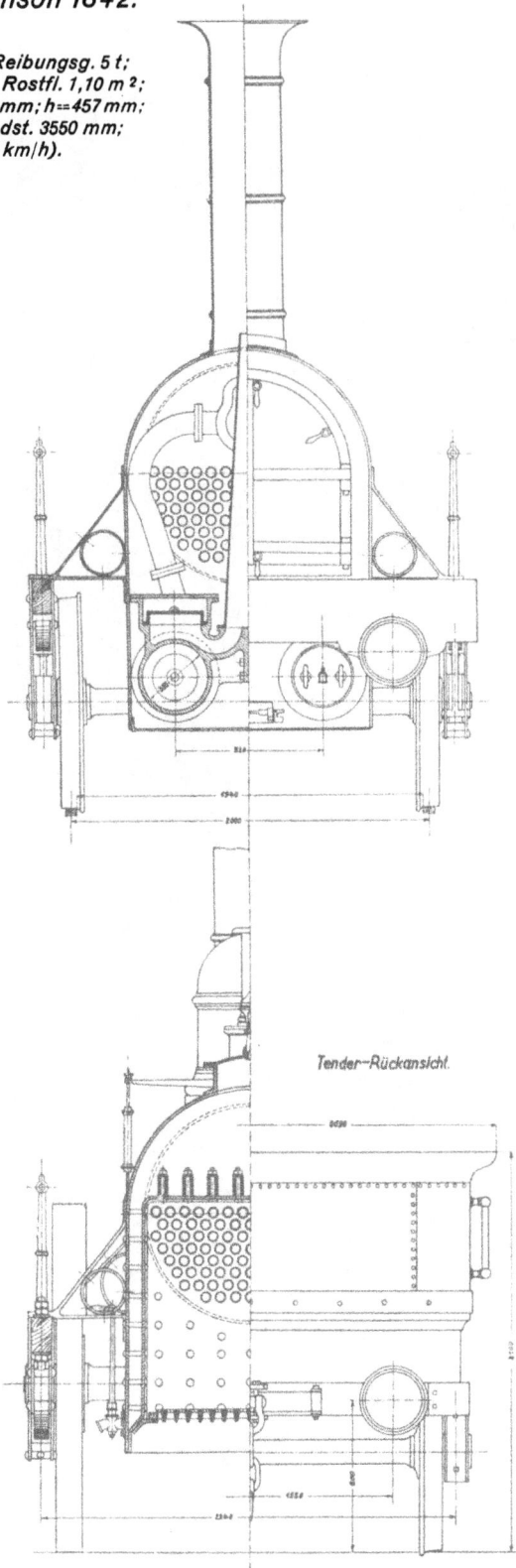

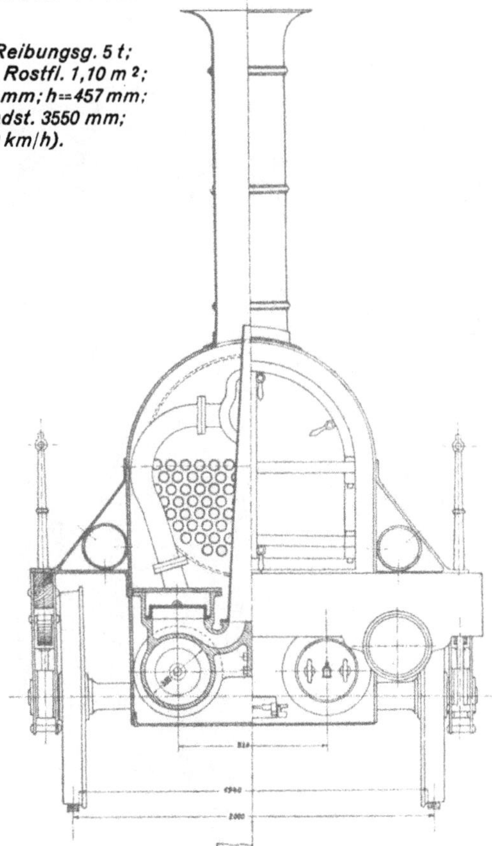

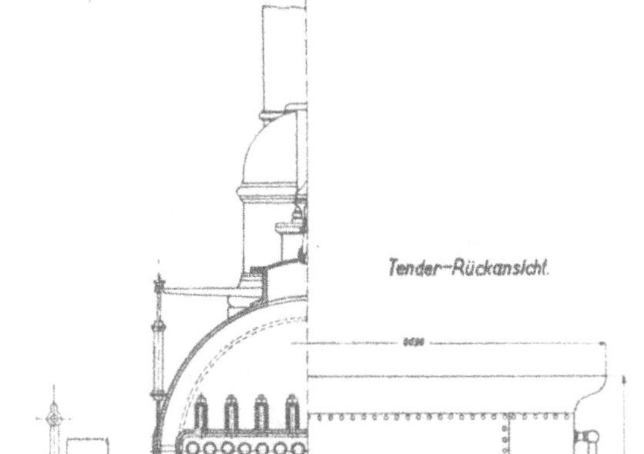

Tender-Rückansicht.

C-Einheitsgüterzuglok. der Großen Russ. E. G.

Entworfen 1857. Versch. Erb. u. a. Egestorff ab 1870/71.

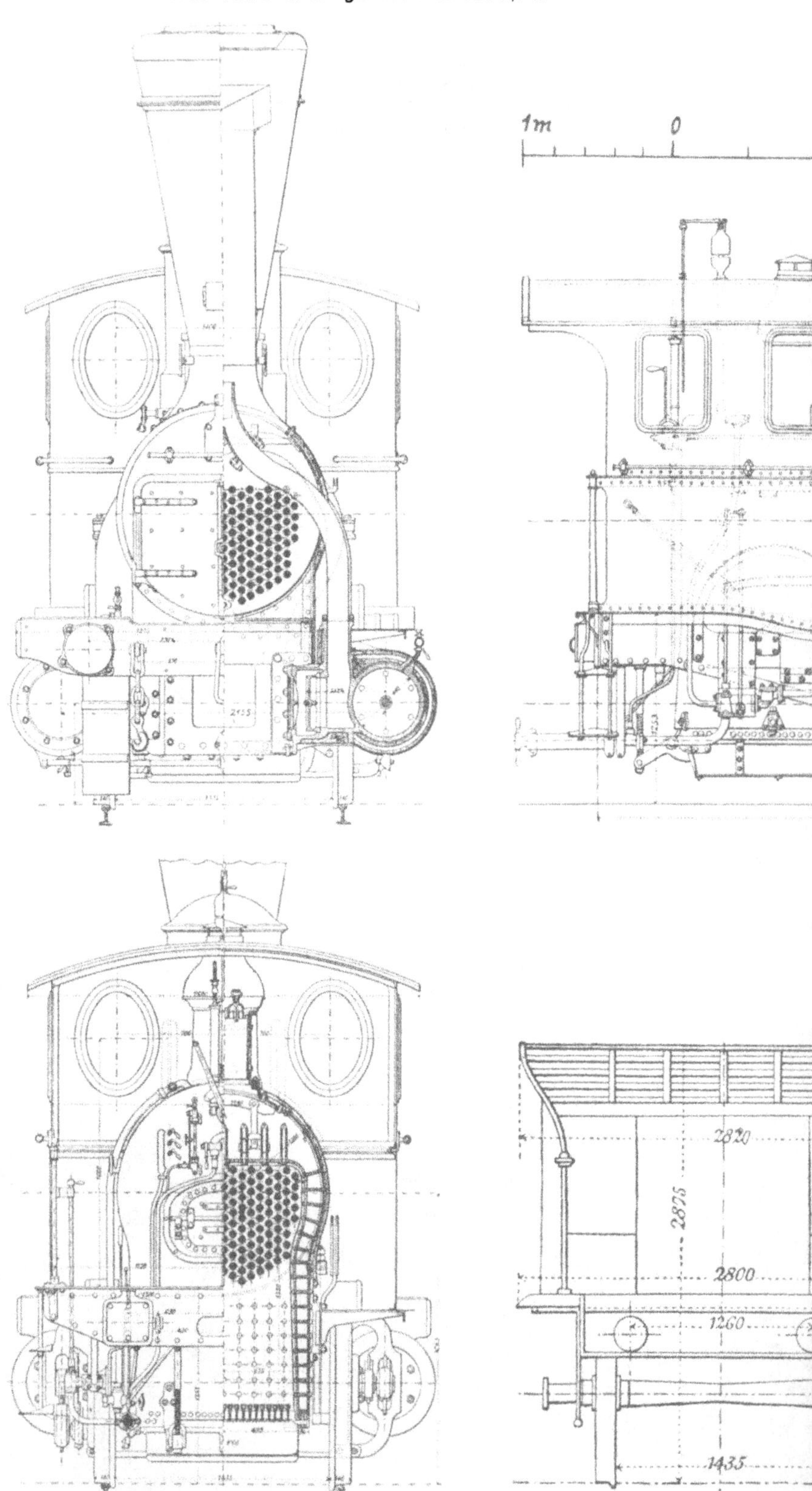

enstg. 31,5 t; Reibungsg. 31,5 t; Heizfl. 106 m²; Rostfl. 1,49 m²; p = 8 atü;
= 450 mm; h = 640 mm; D = 1300 mm; Radst. 3360 mm; Leist. 382 PS_i (32 km/h.)

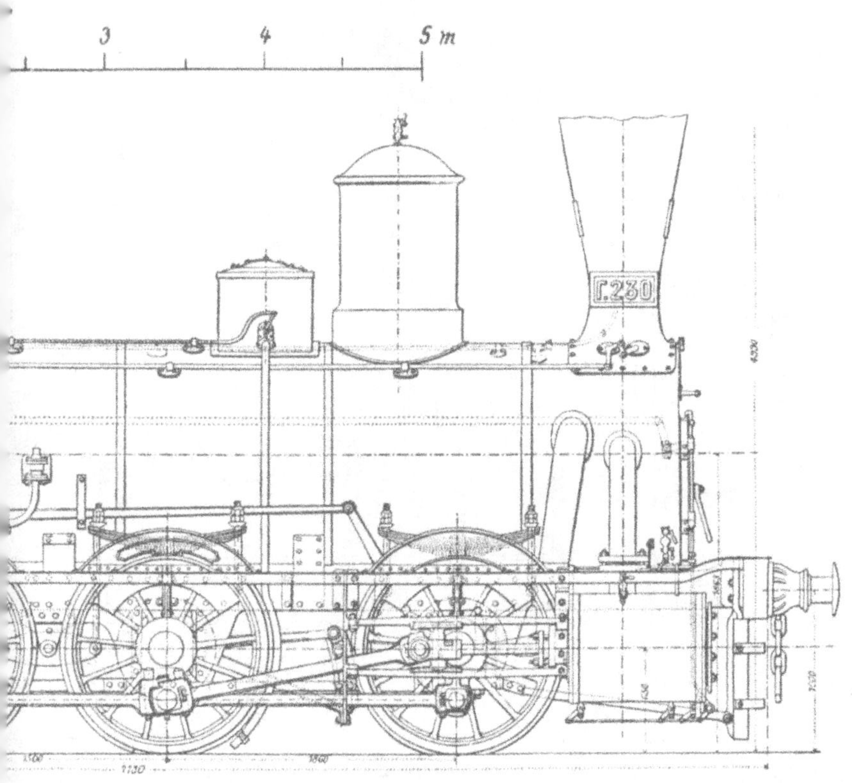

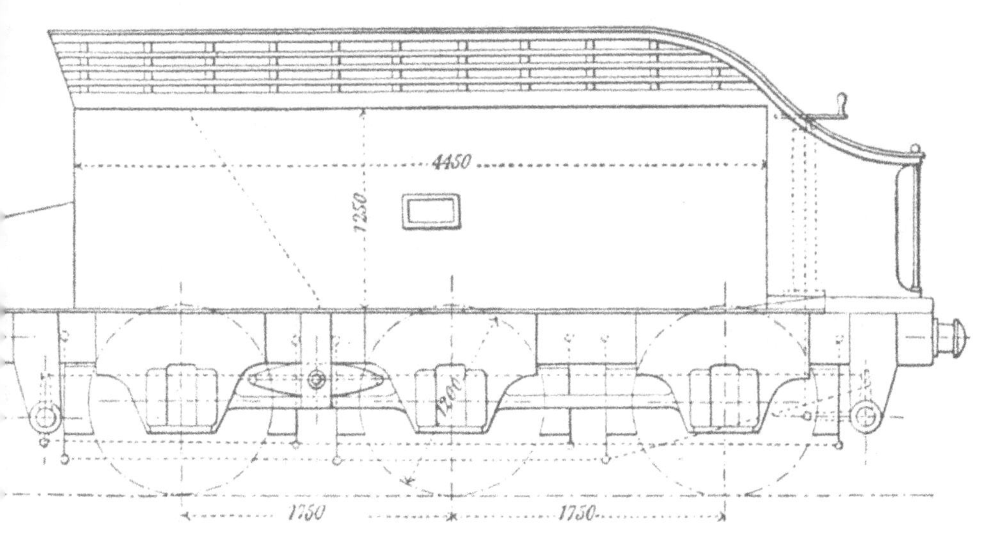

C, Theiß-Bahn.

Erb. Maschinenfabr. Budapest 1878.

Mit Kolbenschiebern.

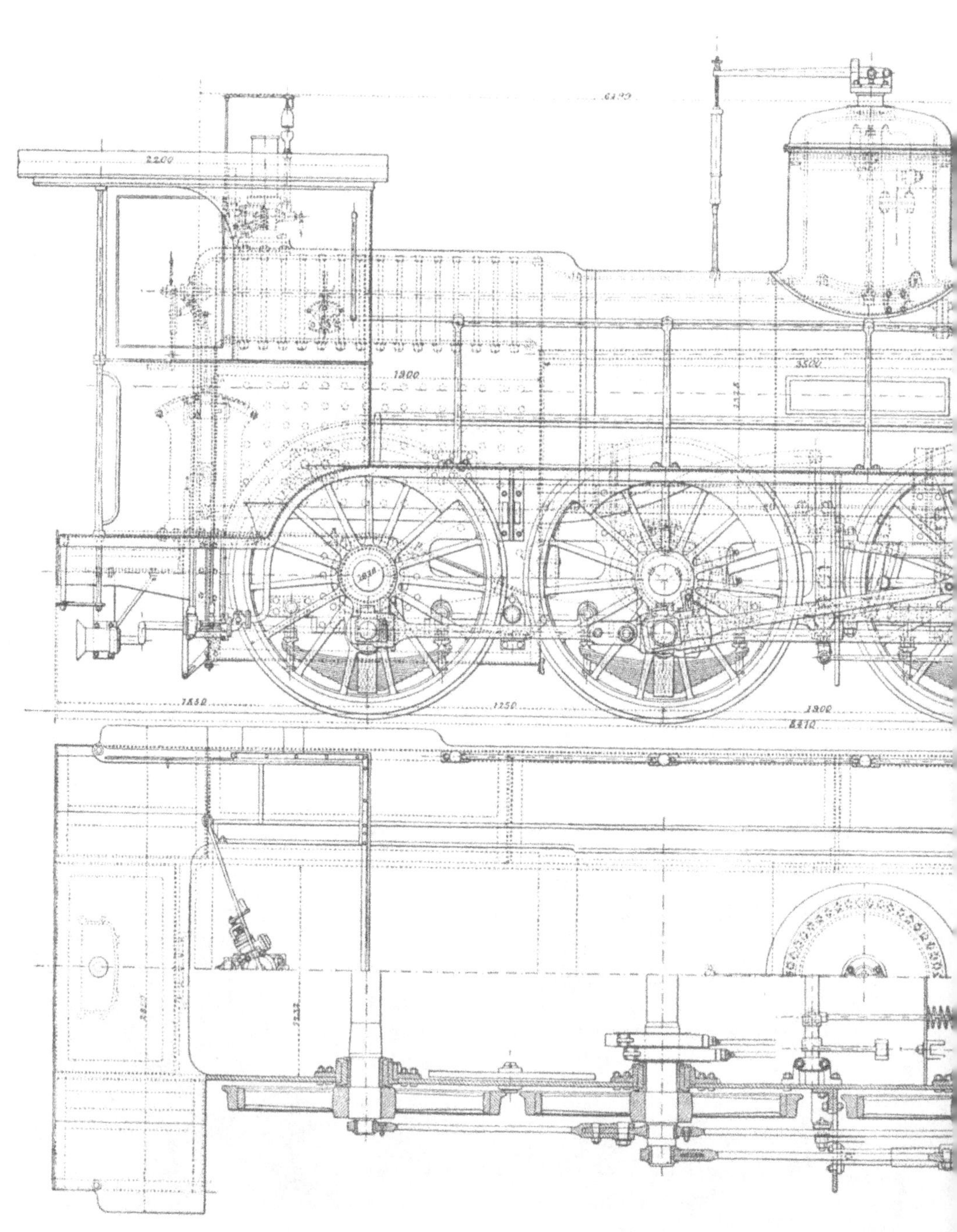

Dienstg. 33 t; Reibungsg. 33 t; Heizfl. 114,42 m²; Rostfl. 1,97 m²; p = 10 atü;
420 mm; h = 735 mm; D = 1616 mm; Radst. 3650 mm; Leist. 524 PS_i (55 km/h).

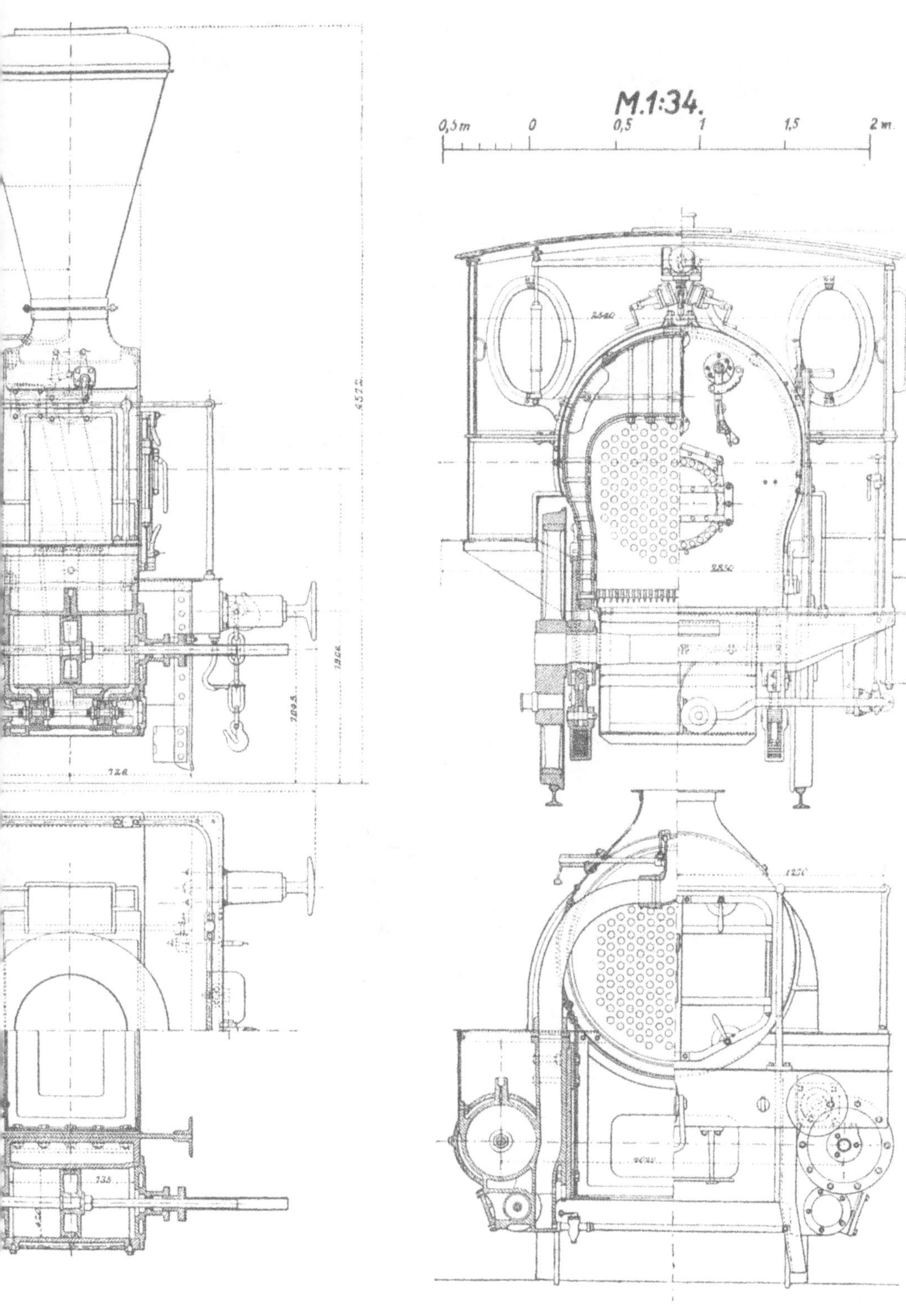

M.1:34.

0,5 m 0 0,5 1 1,5 2 m

C, Bayer. Staatsbahn.

Erb. Maffei 1867.

Bauart Hall.

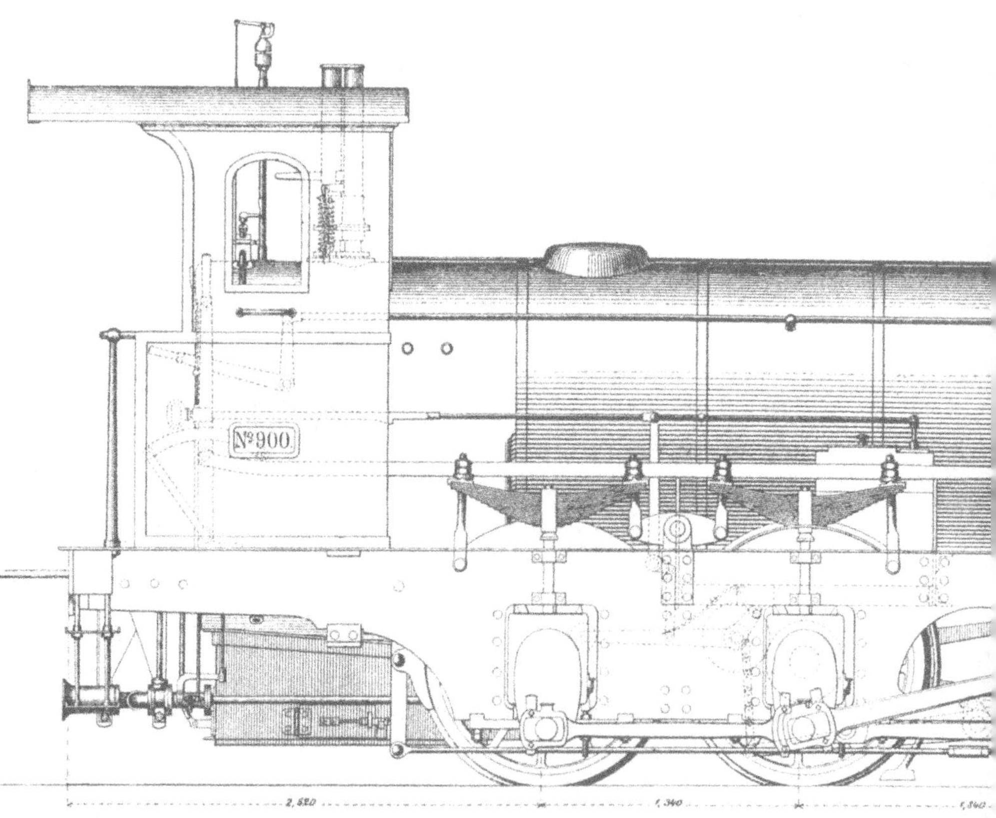

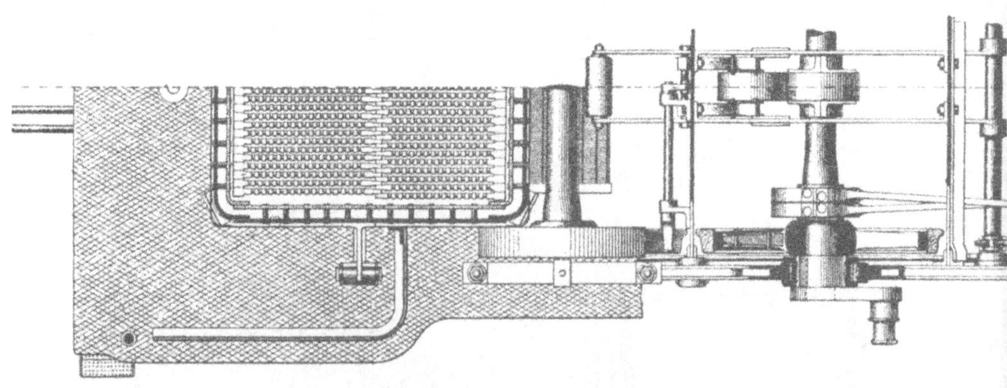

M. 1:35.

1m 0,5 0 1 2

nstg. 36,5 t; Reibungsg. 36,5 t; Heizfl. 130,5 m²; Rostfl. 1,60 m²; p = 10 atü;
486 mm; h = 660 mm; D = 1245 mm; Radst. 3180 mm; Leist. 444 PS_i (30 km/h).

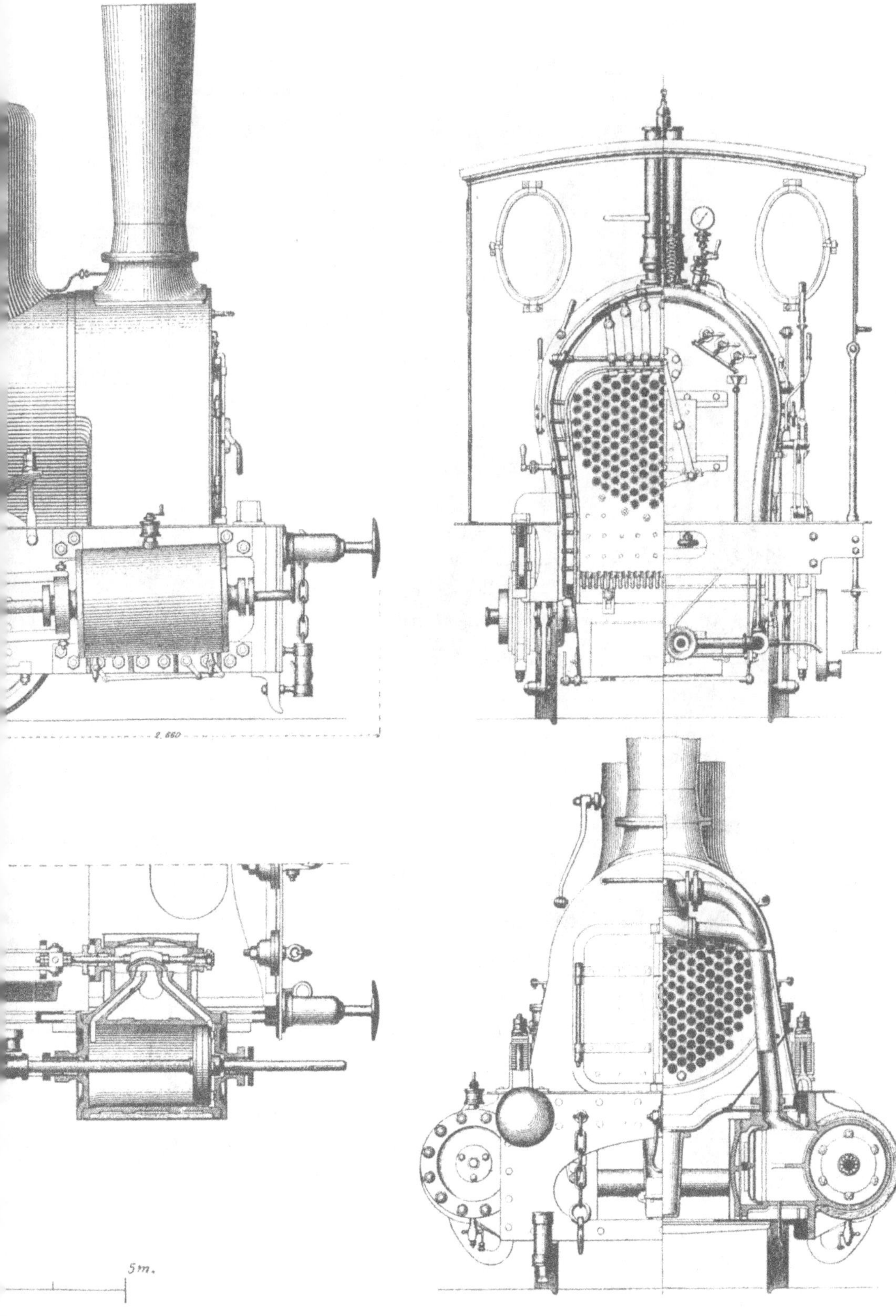

C, Ungar. Staatsbahn.

Erb. Sigl 1869.

Regelbauart Hall.

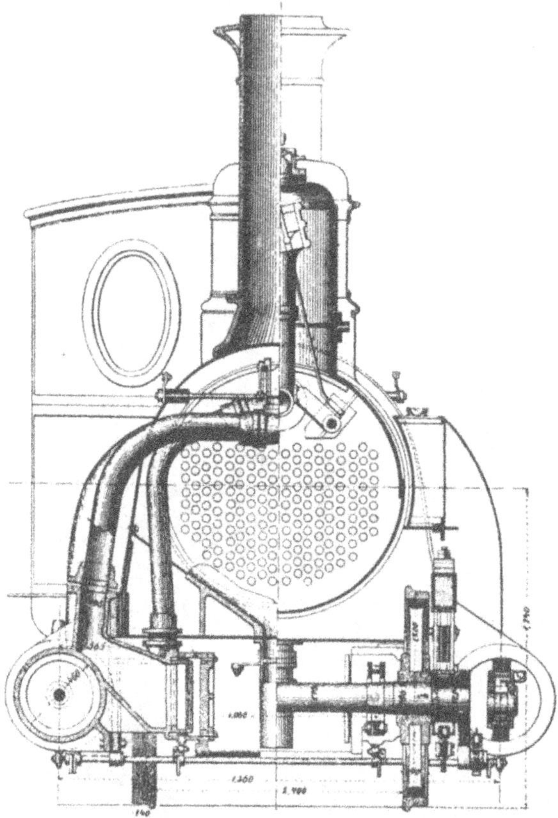

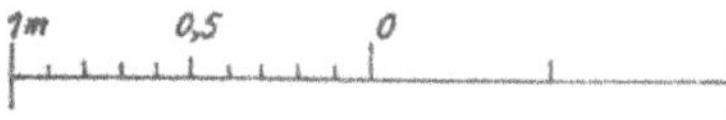

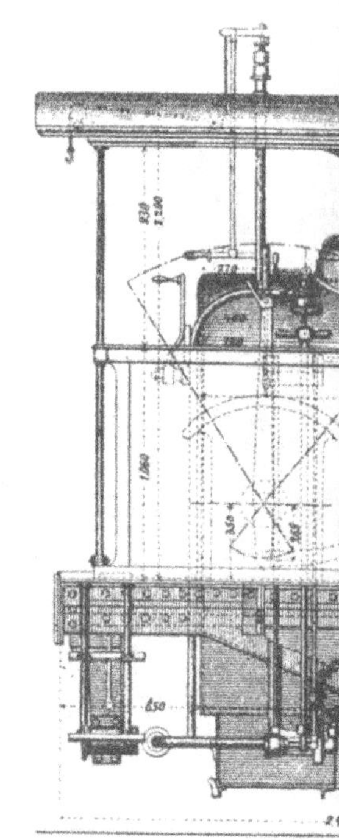

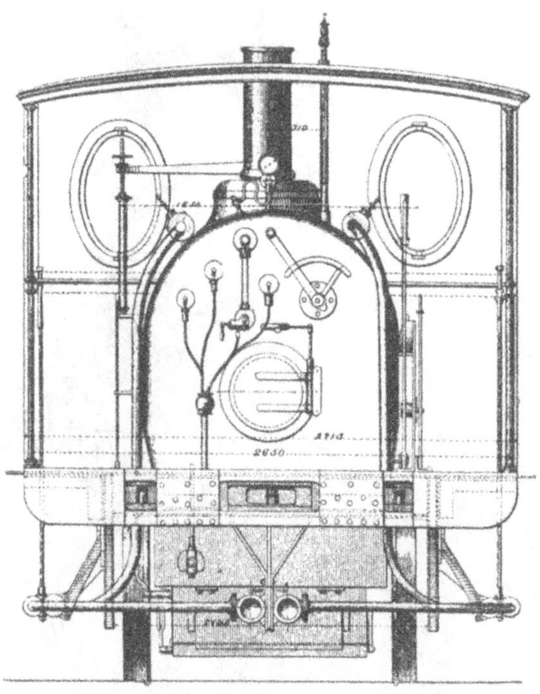

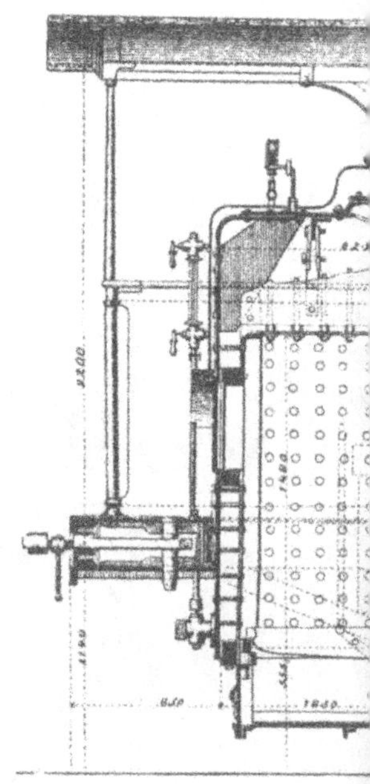

ɪnstg. 36,0 t; Reibungsg. 36 t; Heizfl. 128,4 m²; Rostfl. 1,65 m²; p = 8,5 atü;
460 mm; h = 632 mm; D = 1200 mm; Radst. 3160 mm; Leist. 428 PSᵢ (32 km/h).

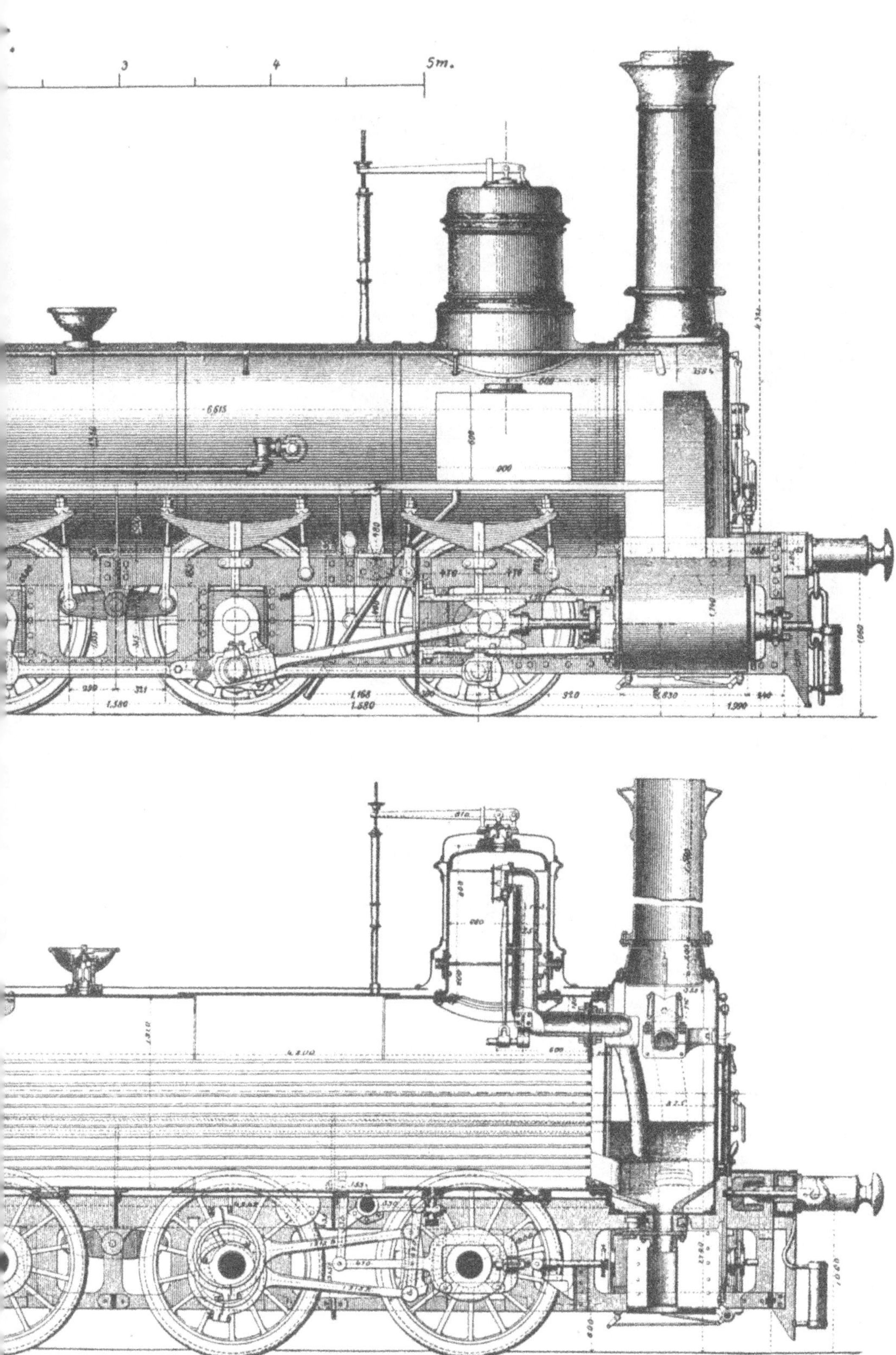

Stütztender-Lokomotive, Österr. Südbahn.

Erb. Maschinenfabr. Eßlingen 1854.

Bauart Engerth.

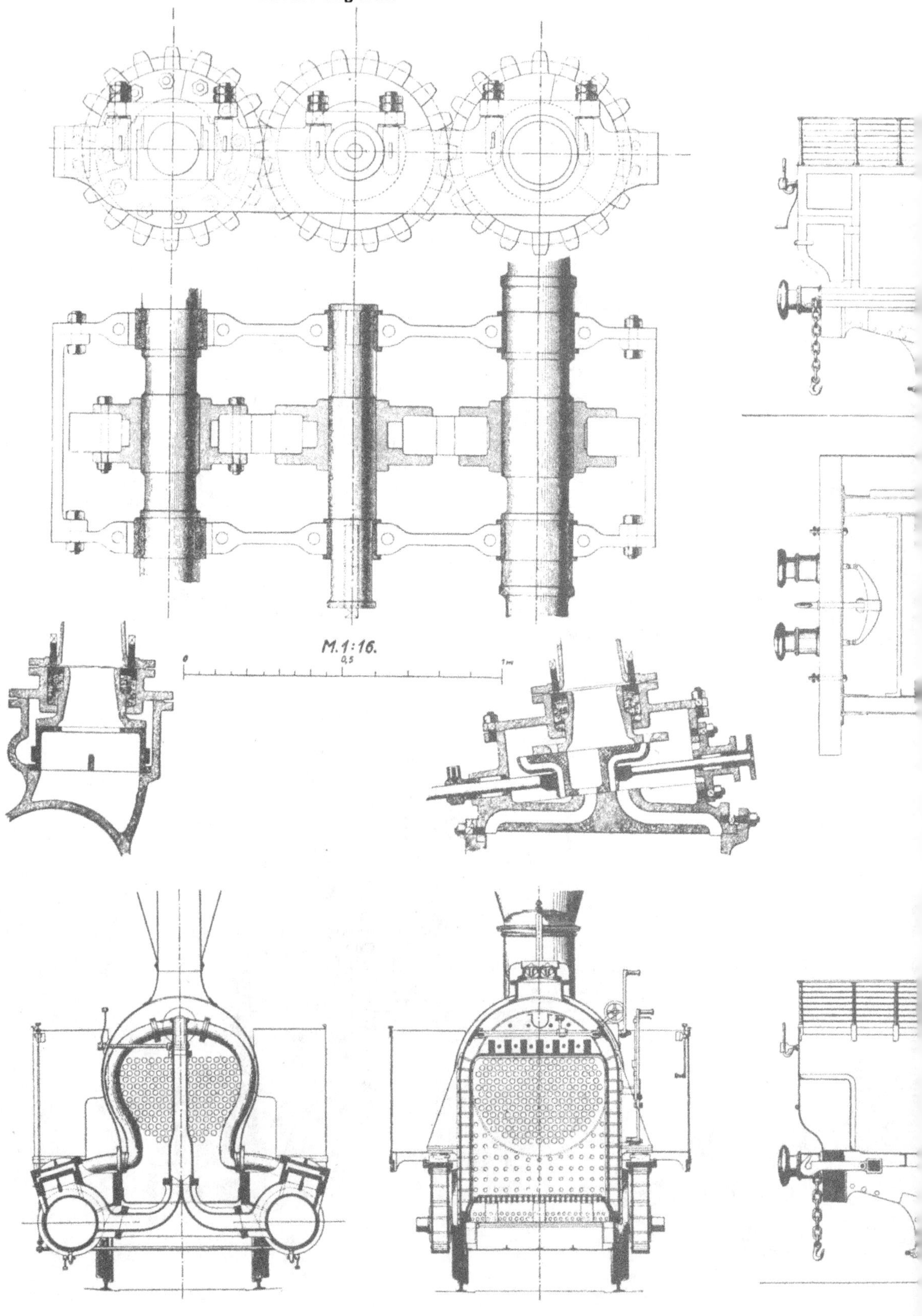

1 t; Reibungsg. 39,3 t; Heizfl. 139,6 m²; Rostfl. 1,42 m²; d = 474 mm; h = 610 mm; D = 1068 mm; Radst. 5997 mm; m³; Kohlen 4,5 t; Leist. 364 PS_i (24 km/h).

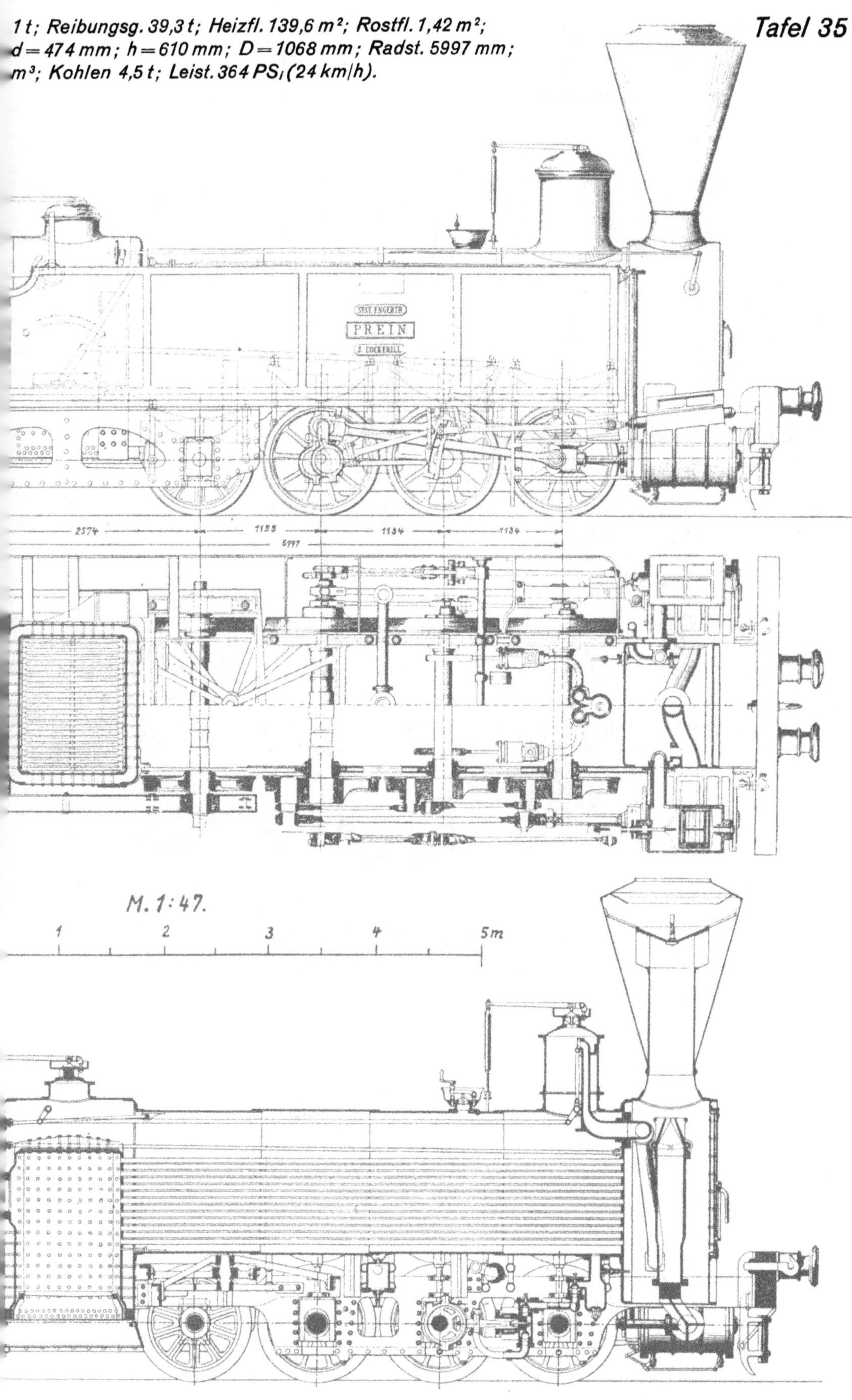

D, Wien-Raab-Bahn.

Erb. Haswell 1855.

Achslager, Bauart Haswell.

Dienstg. 34,7 t; Reibungsg

$d = 460$ mm; $h = 632$ mm;

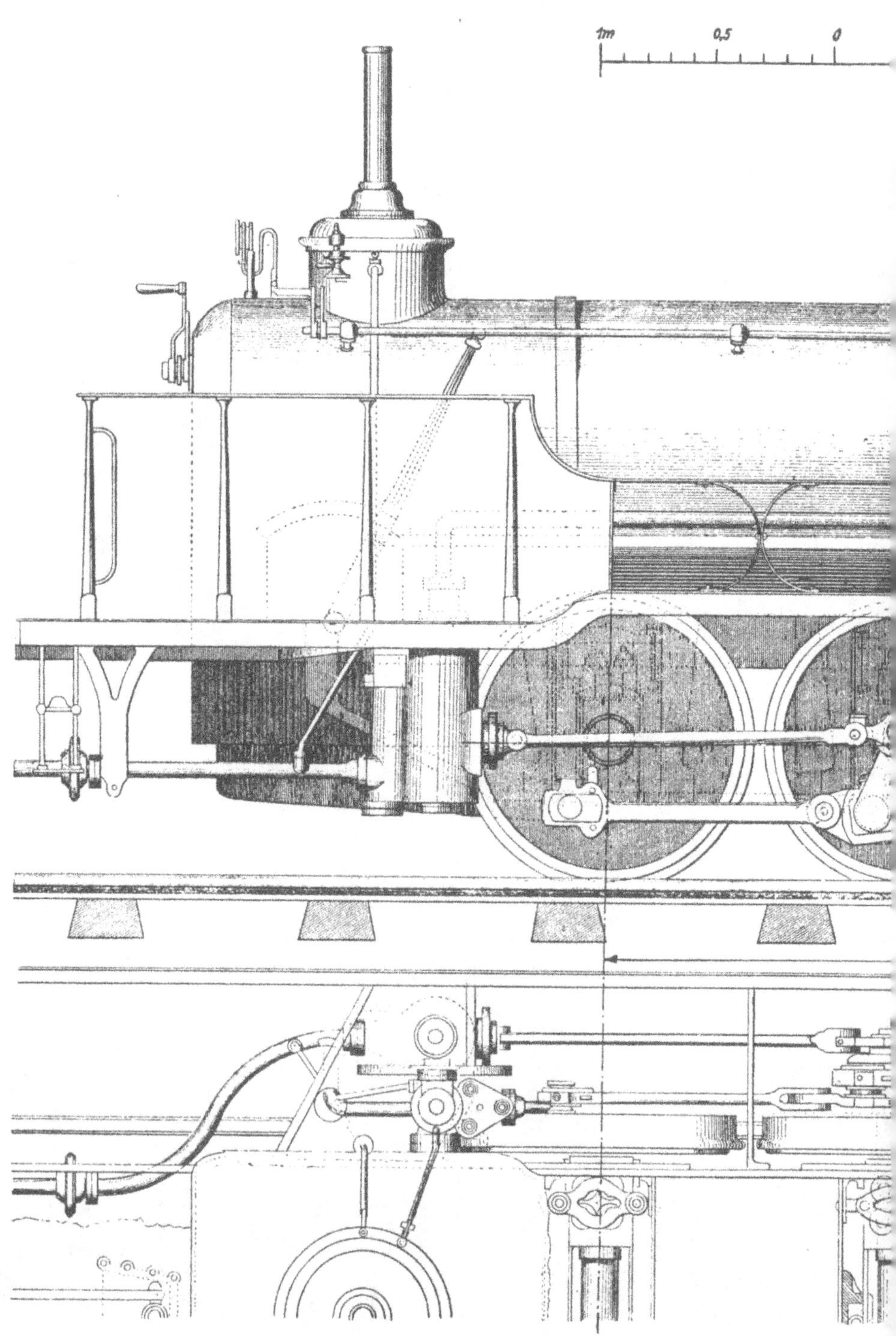

m²; Rostfl. 1,2 m²; p=7,3 atü;
st. 3815 mm; Leist. 298 PS_i (23 km/h).

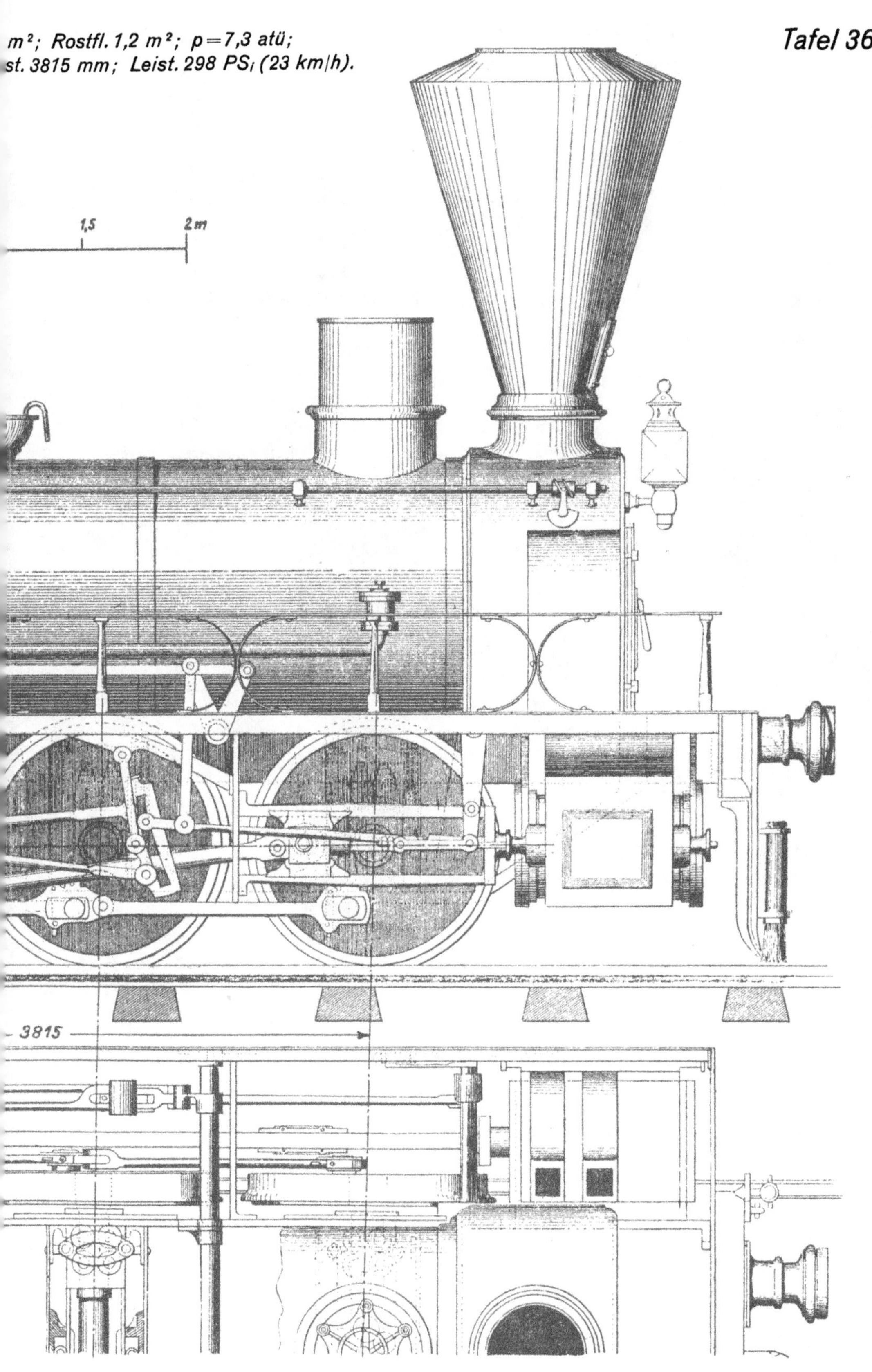

D, Österr. Südbahn.

Verschiedene Erbauer ab 1870.

Erfolgreichste Bauart für Gebirgslinien.

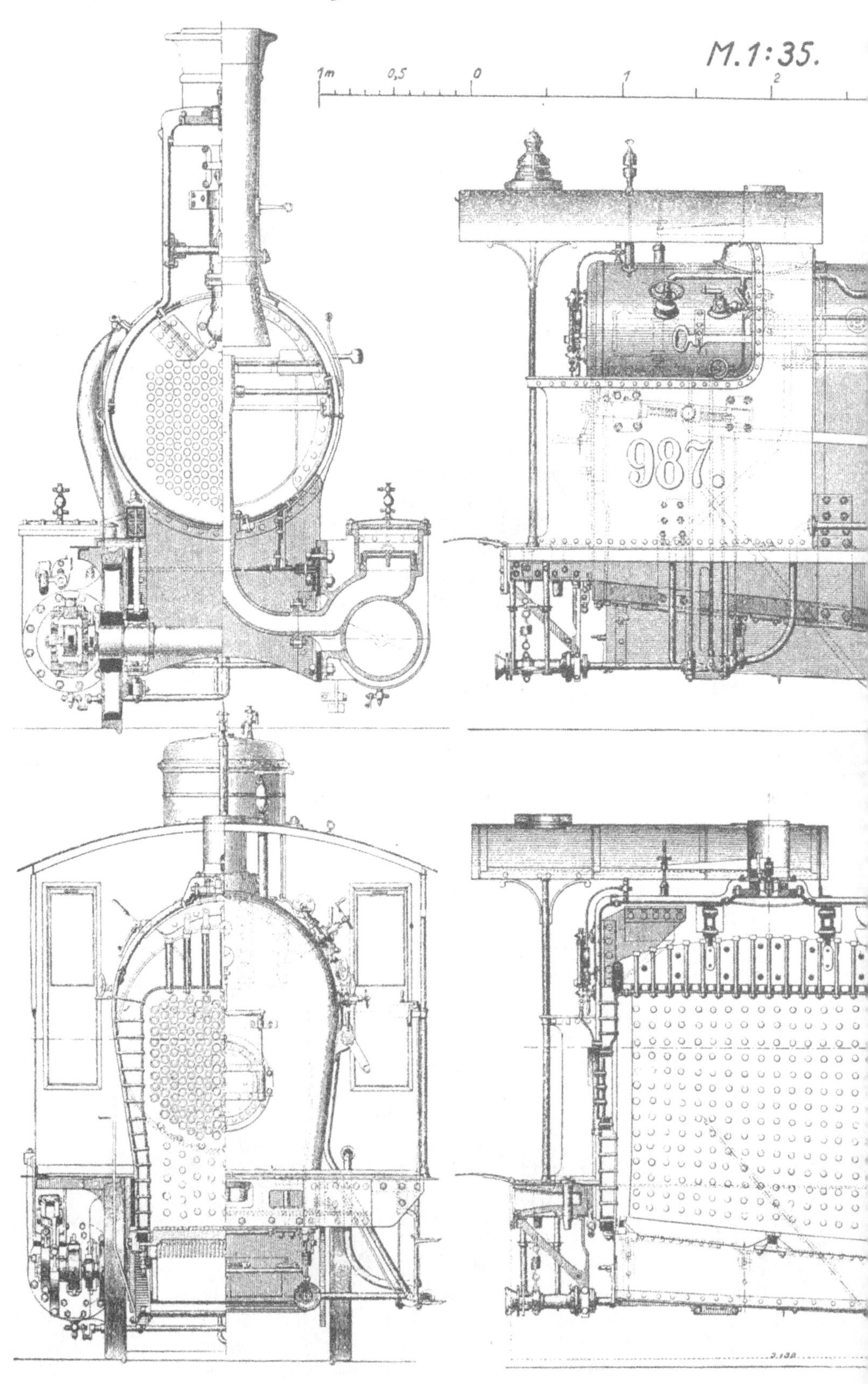

nstg. 50,75 t; Reibungsg. 50,75; Heizfl. 170 m²; Rostfl. 2,16 m²; $p = 9$ atü;
500 mm; $h = 610$ mm; $D = 1106$ mm; Radst. 3560 mm; Leist. 580 PS_i (35 km/h).

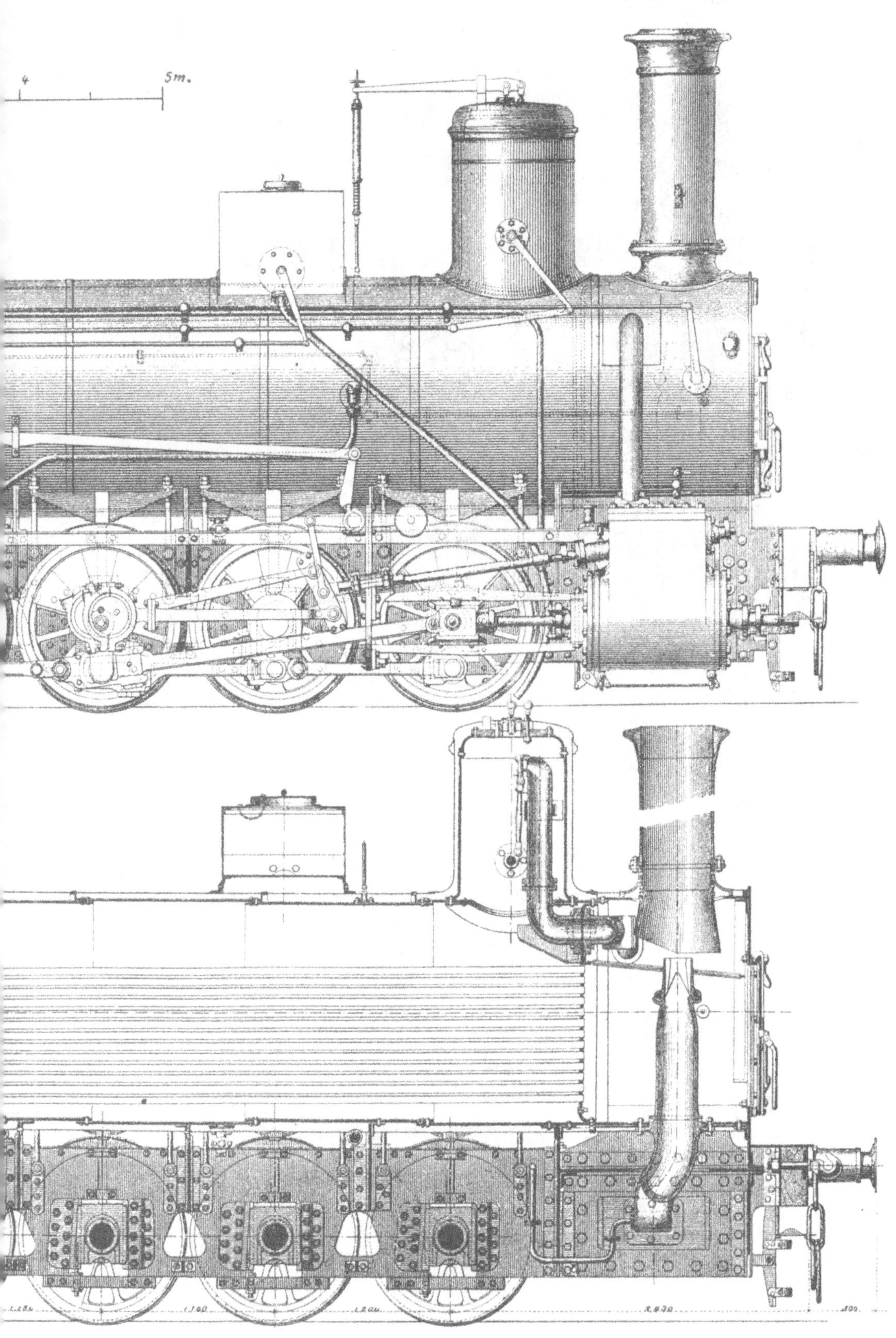

D, Ungar. Staatsbahn.

Erb. Sigl 1871.

Regelbauart Hall.

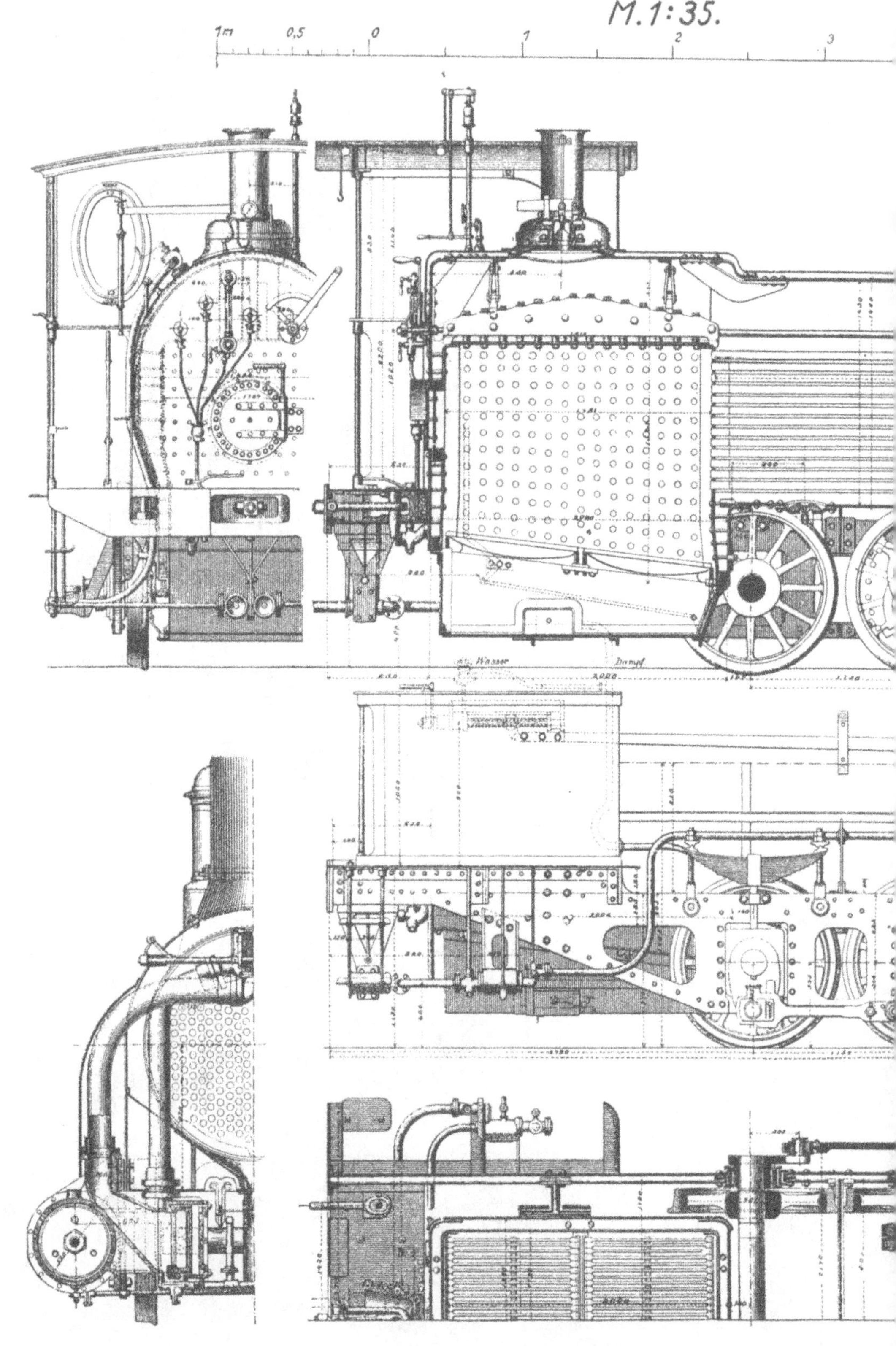

stg. 46 t; Reibungsg. 46 t; Heizfl. 179,5 m²; Rostfl. 2,0 m²; p = 8,5 atü;
20 mm; h = 610 mm; D = 1070 mm; Radst. 3600 mm; Leist. 524 PS_i (29 km/h).

Tafel 38

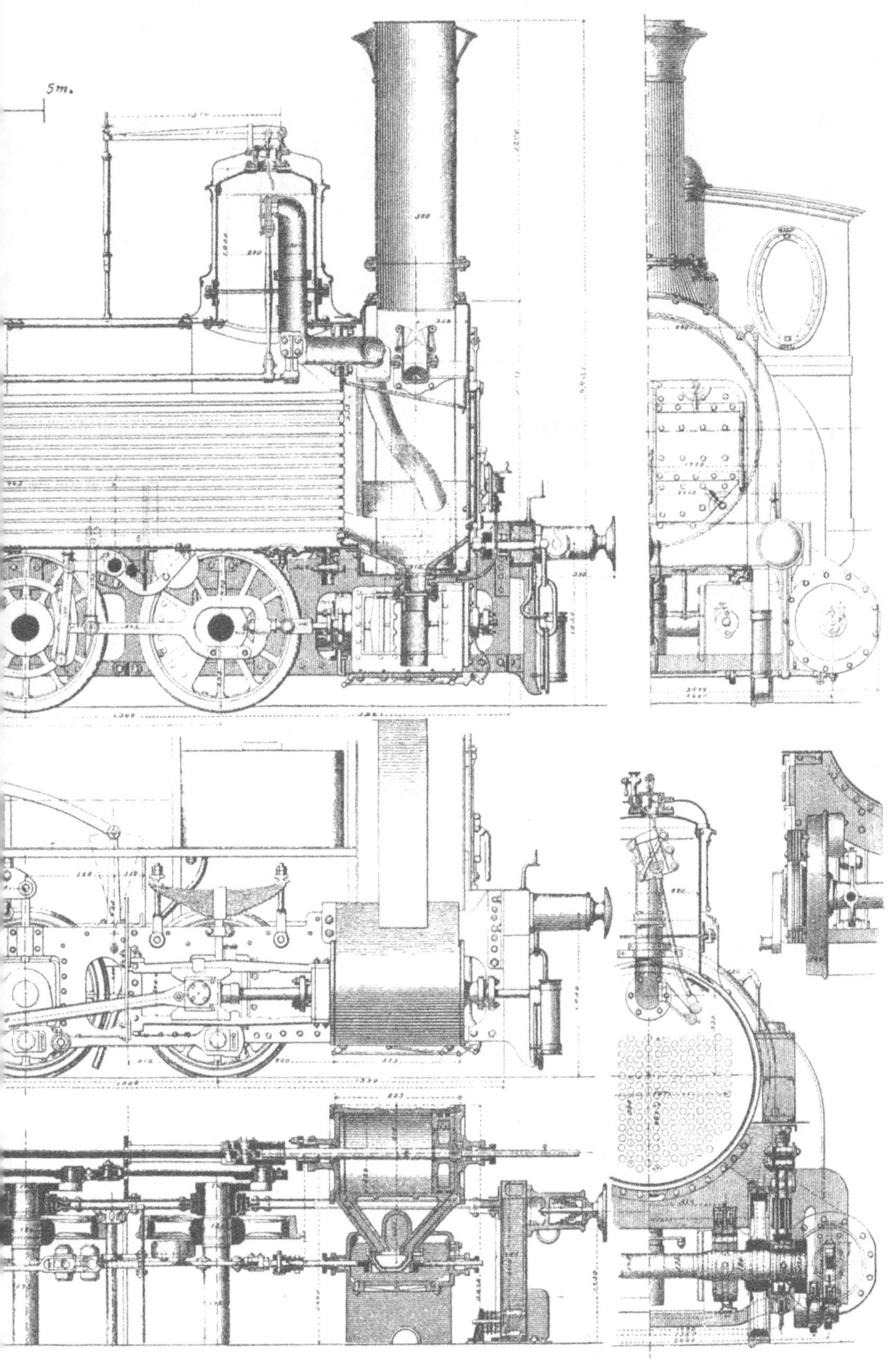

Tender zu 1A1-Lokomotiven der Bayer. Staatsbahn 1847.

Erb. Kessler-Karlsruhe u. Maffei-München.

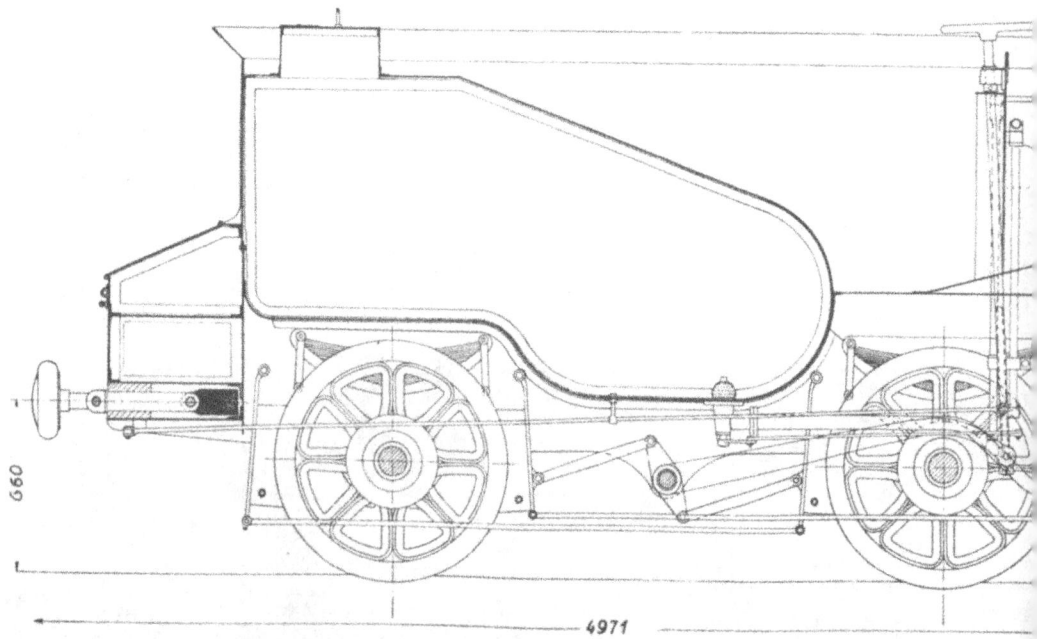

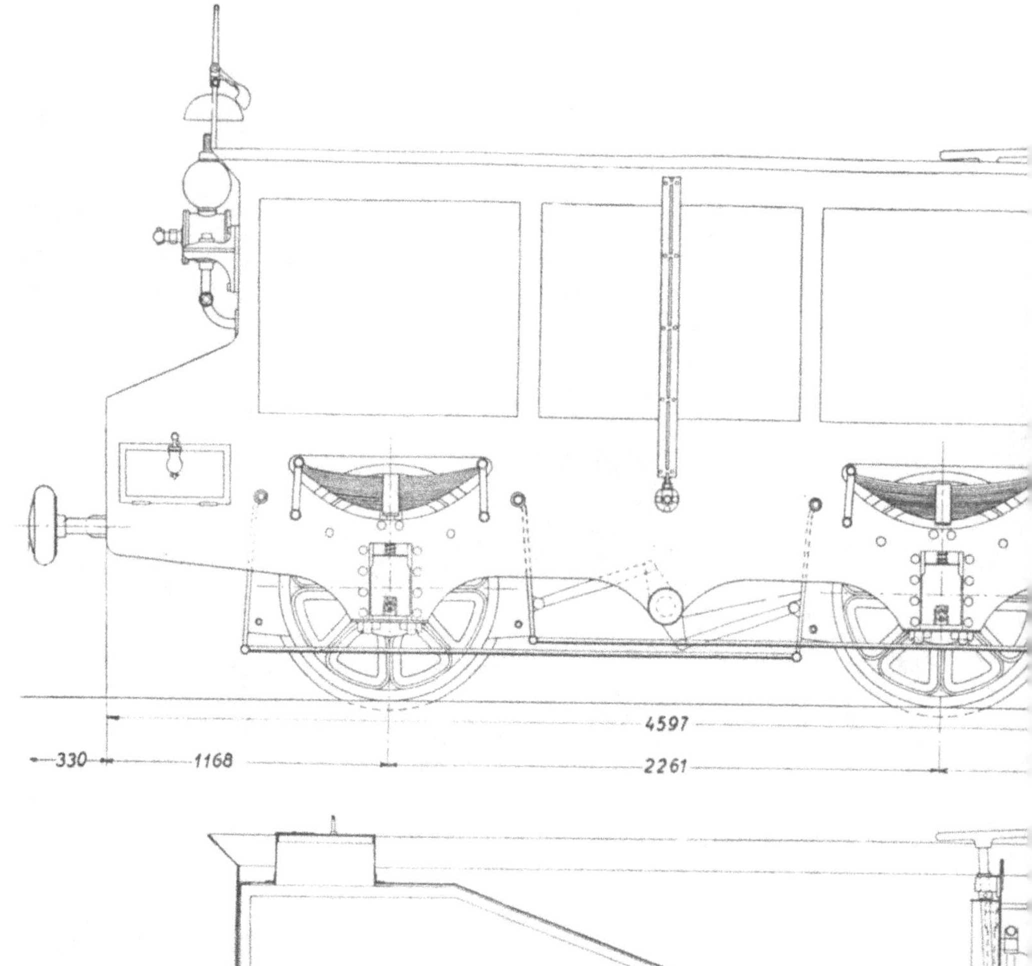

4597

330 1168 2261

660

4971

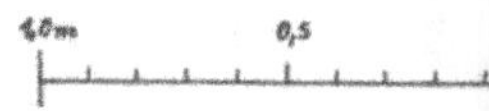

stgew. = 11,2 t; d = 914 mm; Radst. = 2261 mm;
ser = 4,24 m³; Kohlen = ~ 2,5 t.

Tafel 39

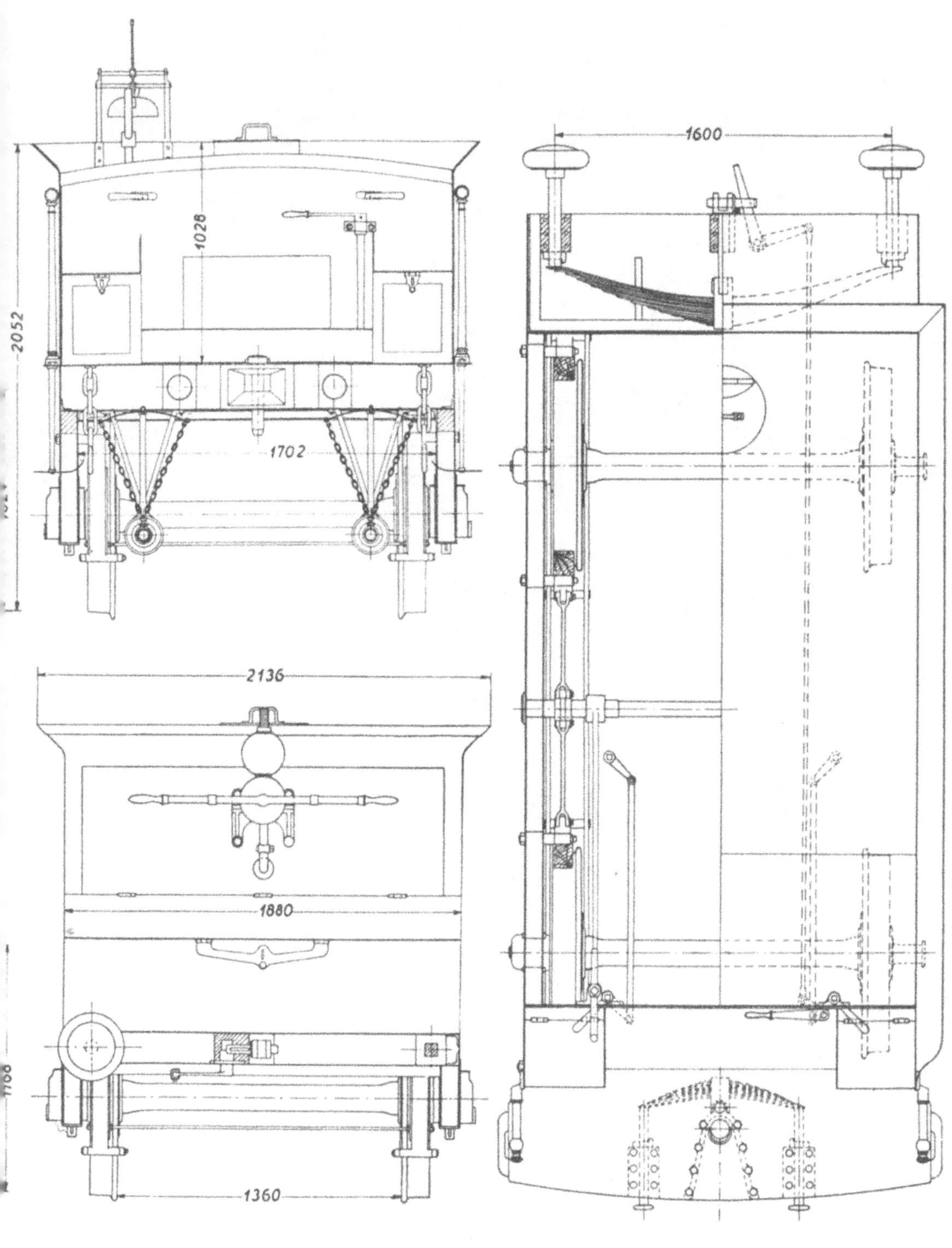

www.ingramcontent.com/pod-product-compliance
Lightning Source LLC
Chambersburg PA
CBHW081430190326
41458CB00020B/6163
9783486760644